国家"双高"建设新形态教材

ABB 工业机器人操作与编程

主　编　李　琦

副主编　杜　冰　高　斌

主　审　魏　林

哈尔滨工程大学出版社

Harbin Engineering University Press

内 容 简 介

本书以 IRB120 型 ABB 工业机器人集成多功能实训台为载体,分 5 个项目详细讲解工业机器人技术基础、工业机器人基本操作、工业机器人 I/O 通信设置、工业机器人编程基础、工业机器人示教编程应用与调试的相关内容。通过对工业机器人基本操作与编程实际应用来引导学生掌握相关知识与技能。

本书采用纸质教材与数字化资源相结合的形式,实现了信息化教学与传统教学的完美融合,将主要知识点录成多媒体资源,编写成素材丰富的信息化立体教材。学生可随时通过扫描二维码的形式观看、学习相关知识点。本书突破了传统教学的时空限制,打造高效的混合式教学课堂,从而激发学生自主学习的热情,可作为中、高职教育工业机器人技术、机电一体化技术等相关专业的教材或企业培训用书,还可作为从事机器人操作的企业人员,特别是刚接触工业机器人行业的工程技术人员的参考用书。

图书在版编目(CIP)数据

ABB 工业机器人操作与编程/李琦主编. —哈尔滨:
哈尔滨工程大学出版社,2023.6
ISBN 978-7-5661-3942-9

Ⅰ.①A…　Ⅱ.①李…　Ⅲ.①工业机器人-程序设计
-教材　Ⅳ.①TP242.2

中国国家版本馆 CIP 数据核字(2023)第 098766 号

ABB 工业机器人操作与编程
ABB GONGYE JIQIREN CAOZUO YU BIANCHENG

选题策划　雷　霞
责任编辑　张　彦　王晓西
封面设计　李海波

出版发行　哈尔滨工程大学出版社
社　　址　哈尔滨市南岗区南通大街 145 号
邮政编码　150001
发行电话　0451-82519328
传　　真　0451-82519699
经　　销　新华书店
印　　刷　哈尔滨午阳印刷有限公司
开　　本　787 mm×1 092 mm　1/16
印　　张　12.25
字　　数　314 千字
版　　次　2023 年 6 月第 1 版
印　　次　2023 年 6 月第 1 次印刷
定　　价　40.00 元
http://www.hrbeupress.com
E-mail:heupress@ hrbeu.edu.cn

前　言

工业机器人作为先进智能制造装备的代表,有望成为全球新一轮的生产技术革命浪潮中最澎湃的浪花,推动世界经济发展的进程。我国作为工业机器人应用数量增长速度最快的国家之一,在《中国制造2025》规划中,机器人领域是十大重点突破发展领域之一。随着职业教育工业机器人专业建设的不断深入,开发适合职业教育教学需求并具有产教融合特点的工业机器人专业教材成为辅助专业建设和教学的一项重要工作。在此背景下,渤海船舶职业学院联合辽宁省其他高职院校,共同开发了以"工学结合,理实一体,信息化教学"为指导思想,采用任务驱动教学法的工业机器人专业核心课程教材。

本书以 IRB120 型 ABB 工业机器人集成多功能实训台为载体,主要介绍工业机器人的操作与现场编程方法,分为5个项目、15个任务详细讲解了工业机器人的发展概况、系统组成、基本操作方法、手动操纵与在线示教、I/O 通信配置、编程基础、示教编程应用与调试等内容。通过对工业机器人的基本操作与编程实际应用来引导学生掌握相关知识与技能。每个教学项目下设多个工作任务,每个工作任务由任务目标、任务引入、背景知识、任务实施、任务考核等部分组成,并配有对应的习题思考以巩固学习效果。教学项目结束后,在知识拓展中还介绍了工业机器人相关应用及行业前沿信息。学生通过阅读学习本书,可以掌握 ABB 工业机器人操作与编程的基本方法,以达到工业机器人操作调整工职业资格标准。

本书由李琦(渤海船舶职业学院)担任主编,杜冰、高斌(辽宁轻工职业技术学院)担任副主编,曹智等参与编写工作;魏林教授担任主审。章节编写分配:李琦(项目2、4、5及全书统稿),杜冰(项目3),曹智(项目1中任务1),高斌(项目1中任务2及附录)。

本书在编写及视频资源录制的过程中,得到了大连大华中天科技有限公司的大力支持,在此表示衷心的感谢! 由于编者水平有限,书中难免存在不足之处,敬请广大读者批评、指正。

主编　李琦

2022 年 9 月

目　　录

项目1　工业机器人技术基础

任务1　认知工业机器人

【任务目标】

1. 熟知工业机器人的定义。
2. 掌握工业机器人的常见分类方法。
3. 了解工业机器人的发展现状和趋势。
4. 掌握各类工业机器人在行业中的应用情况。

【任务引入】

在了解工业机器人的现状和发展趋势，并掌握工业机器人定义和分类方法的基础上，通过现场教学，了解工业机器人及其相关应用。

【背景知识】

一、工业机器人概述

1. 什么是工业机器人

工业机器人是面向工业领域的多关节机械手或多自由度的机器装置。它能自动执行工作，是靠自身动力和控制能力来实现各种功能的一种机器。工业机器人是在机械手的基础上发展起来的，国外称其为 industrial robot，一般指用于机械制造业中代替人完成具有大批量、高质量要求的工作，如汽车、摩托车、舰船、家电（电视机、电冰箱、洗衣机等）、化工等行业自动化生产线中的点焊、弧焊、喷漆、切割、电子装配，以及物流系统的搬运、包装、码垛等作业的机器人。

工业机器人的出现将人类从繁重单一的劳动中解放出来，而且它还能够从事一些不适合人类，甚至超越人类极限的劳动，实现生产的自动化，避免工伤事故和提高生产效率。工业机器人能够极大地提高生产效率，已经广泛应用于电力、新能源、汽车、食品、饮料、医药、铁路、航空航天等众多领域。

对工业机器人的定义有很多，不同国家和地区各有不同：

美国将工业机器人定义为一种用于移动各种材料、零件、工具或专用装置的，通过程序动作来执行各种任务的，并具有编程能力的多功能操作机。

日本将工业机器人定义为一种带有存储器件和末端操作器的通用机械，能够通过自动化的动作代替人类劳动。

中国将工业机器人定义为一种具备一些与人相似的智能能力如感知能力、规划能力、动作能力和协同能力的自动化机器，是一种具有高度灵活性的自动化机器。

国际标准化组织（International Organization Standardization,ISO）将工业机器人定义为一种具有自动控制能力的,可重复编程的多功能、多自由度的操作机械。它能搬运材料、工件或操持工具来完成各种作业。

2.工业机器人的特点

（1）可编程

生产自动化的进一步发展是柔性自动化。工业机器人可随其工作环境变化的需要进行编程,因此它在小批量、多品种和具有均衡高效率的柔性制造过程中能发挥很好的作用,是柔性制造系统中的一个重要组成部分。

（2）拟人化

工业机器人在机械结构上有类似人的腿、腰、大臂、小臂、手腕、手等部分,由电脑控制。此外,智能化工业机器人还有许多模仿人类行为的"生物传感器",如皮肤型接触传感器、力传感器、负载传感器、视音传感器、声音传感器等。传感器提高了工业机器人对周围环境的自适应能力。

（3）通用性

除了专用的工业机器人外,一般工业机器人在执行不同的作业任务时具有较好的通用性,比如,更换工业机器人手部末端操作器(手爪、工具等)便可执行不同的作业任务。

（4）涉及学科广泛

工业机器人技术涉及的学科非常广泛,归纳起来是机械学和微电子学的结合——机电一体化技术。第三代智能机器人不仅具有获取外部环境信息的各种传感器,还具有记忆能力、语言理解能力、图像识别能力、推理判断能力等,这些都与微电子技术的应用,特别是与计算机技术的应用密切相关。因此,工业机器人技术的发展也将带动其他技术的发展,其发展和应用水平也可以反映一个国家科学技术和工业技术的发展水平。

二、工业机器人的发展历程

1.工业机器人的历史

机器人的启蒙思想其实很早就出现了,1920年,捷克作家卡雷尔·恰佩克发表了剧本《罗萨姆的万能机器人》,剧中讲述了一个叫作罗萨姆的公司将机器人作为替代人类劳动的工业品推向市场的故事,引起了世人的广泛关注。

1954年,美国学者戴沃尔最早提出了"工业机器人"的概念,并申请了专利。该专利的要点是借助伺服技术控制机器人的关节,利用人手对机器人进行动作示教,使机器人能实现动作的记录和再现,这就是所谓的"示教再现机器人"。我们今天所用到的工业机器人大部分都采用了这种控制方式。

1959年,美国人英格伯格和德奥尔发现可以使用机器人代替工人做一些简单重复的劳动,而且不需要报酬和休息。于是他们两人合办了世界上第一家机器人制造工厂,并制造出了世界上第一台工业机器人"Unimate",如图1.1所示。它可以实现回转、伸缩、俯仰等动作。

机器人产品最早的实用机型(示教再现)是1962年美国AMF公司推出的"VERSTRAN"和UNIMATION公司推出的"UNIMATE"。这些工业机器人的控制方式与数控机床大体相似,主要由类似于人的手和臂组成,但是外形特征相差甚远。

图 1.1　世界上第一台工业机器人"Unimate"

　　1965 年,麻省理工学院的罗伯茨演示了第一个具有视觉传感器,能识别与定位的简单积木机器人系统。1967 年,日本川崎重工业株式会社首先从美国引进机器人技术,建立生产厂房,并于 1968 年试制出日本第一台 Unimate 机器人。经过短暂的摇篮阶段,日本的工业机器人很快进入实用阶段,其应用由汽车业逐步扩大到其他制造业及非制造业。1970 年,在美国召开了第一届国际工业机器人学术会议。此后,机器人技术的研究得到迅速的发展。1973 年,辛辛那提·米拉克龙公司的理查德·豪恩制造了第一台由小型计算机控制的工业机器人,它是由液压驱动的,能提升的有效负载可达 45 kg。1980 年被称为日本的"机器人普及元年",日本开始在各个领域推广使用机器人,这大大缓解了市场劳动力严重短缺的社会矛盾,再加上日本政府采取的多方面鼓励政策,使这些机器人受到了广大企业的欢迎。

　　世界上的机器人供应商主要来自日本和欧洲。1980—1990 年,日本的工业机器人处于鼎盛时期,后来国际市场曾一度转向欧洲和北美洲。瑞士的 ABB 公司是世界上最大的工业机器人制造公司之一,1974 年,研发了世界上第一台全电控式工业机器人 IRB6,主要用于工件的取放和物料搬运;1975 年,生产出第一台焊接机器人;1980 年,兼并 Trallfa 喷漆机器人公司后,其机器人产品趋于完备。ABB 公司制造的工业机器人广泛应用在焊接、装配、铸造、密封涂胶、材料处理、包装、喷漆、切割等领域。

　　德国的 KUKA Roboter Gmbh 公司是世界上顶级工业机器人制造商之一。1973 年,该公司研制开发了第一台工业机器人,年产量达到 10 000 台。其生产的机器人广泛应用在仪器、汽车、航天、食品、制药、医学、铸造、塑料等领域,主要用于材料处理、机床装备、包装、堆垛、焊接、表面修整等作业。

　　意大利的 COMAU 公司从 1978 年开始研制和生产工业机器人,至今已有 40 多年的历史。其机器人产品包括 Smart 系列多功能机器人和 MASK 系列龙门焊接机器人。这些机器人广泛应用于汽车、铸造、家具、食品、化工、航天、印刷等领域。

　　2. 工业机器人的发展现状

　　目前,在普及了第一代工业机器人的基础上,第二代工业机器人经过了推广和应用,已成为主流安装机型,第三代智能机器人在市场上也已占有一定比重并成为发展的方向。近年来,随着人力成本的高涨,自动化技术开始受到生产企业的重视,以机器人、虚拟制造、3D打印等技术为代表的新一轮产业革命兴起。传统制造业面临新的挑战,转型升级将给我国自动化行业带来巨大的市场机遇,工业机器人作为自动化领域内高智能化的产品,具有很大的发展潜力和市场应用前景。

机器人是"工业3.0"到来的指征之一,同时也是实现《中国制造2025》规划的重要工具。智能装备制造业是重点发展的战略性新兴产业,实现《中国制造2025》规划和"工业3.0"也离不开智能装备制造业的支持。

3. 我国工业机器人的发展趋势

近年来,工业机器人发展迅速,特别是在我国市场上,制造业为改变落后的生产方式,解决"用工荒"难题,需要大力投入机器人等自动化设备。加上政策对于智能化产业的大力扶持,我国各地兴起了机器人发展大潮。

(1)政策影响趋势

为了优化机器人产业结构,促进产业实现升级,我国于2013—2016年推出了一系列相关产业政策。例如,在2013年,工业和信息化部(简称"工信部")发布《关于推进工业机器人发展的指导意见》;在2015年,国务院发布《中国制造2025》;2016年,工业和信息化部、国家发展和改革委员会、财政部发布《机器人产业发展规划(2016—2020)》。赛智产业研究院认为,政府的大力扶持和传统产业转型升级的拉动,不仅将促使工业机器人市场持续增长,也将带动专业型与个人、家庭型服务机器人市场快速增长,机器人概念将持续火爆,市场参与热度也会继续上升。

(2)技术影响趋势

智能感知认知、多模态人机交互、云计算等智能化技术的不断成熟,为智能机器人的演进提供了坚实的发展基础。我国在人工智能技术方面与其他国家基本处于同一起跑线,特别是在图像识别、语音识别、语义识别等多模态人机交互技术领域中,并且在部分领域已接近和达到全球领先水平。未来,我国要加快推进核心技术的自主研发,重点突破产业链中上游的核心零部件关键技术,提升机器人产业技术水平和自主创新能力;围绕市场需求,要加强新技术的跟踪与整合,开展机器人系统的可靠性设计和制造工艺研究,进一步加速高精度减速机、控制器、伺服电机等关键零部件的国产化率和研发创新的产业化进程,提高机器人高端产品的质量可靠性,提升自主品牌核心竞争力;建立健全机器人创新平台,打造政、产、学、研、用紧密结合的协同创新载体,积极跟踪机器人未来发展趋势,提早布局仿生技术、智能材料、机器人深度学习、多机协同等前瞻性技术研究。

(3)人才影响趋势

以智能制造为技术背景的时代已经提前到来,在互联网平台、人工智能技术逐渐普及的大数据条件下,机器人的智能化程度越来越高,这不仅提升了我国劳动力技能,而且开辟了新的工作岗位,机器人工程师迅速成为行业"抢手货",转而成为"智造人才"。未来,培养从研发、生产、维护到系统集成的多层次、多类型技能人才将会是提升企业核心竞争力的关键所在。

(4)资本影响趋势

技术和资本是产业发展的两大原始驱动力,任何一轮技术创新,都必然要有资本市场的坚强支撑,而资本市场的长期收益,也往往来自对技术创新点的把握和培育。目前全球机器人行业都处于资本风口,我国机器人产业资本市场亦非常活跃。机器人行业资本杠杆的使用打破线性、单向传导模式,使产业发展形成结构化、多层次发展模式,将会推动机器人产业进入资本联动、跨越增长的新时代。

三、工业机器人的分类及应用

1.工业机器人的分类

关于工业机器人的分类,国际上没有制定统一的标准,有的按负载质量分,有的按控制方式分,有的按自由度分,有的按结构分,有的按应用领域分。例如,机器人首先在制造业被大规模应用,所以机器人曾被简单地分为两类,即用于汽车、机床等制造业的机器人称为工业机器人,其他的机器人称为特种机器人。随着机器人应用的日益广泛,这种分类显得过于粗糙。现在除了工业领域之外,机器人技术也已经广泛应用于农业、建筑、医疗、服务、娱乐,以及空间和水下探索等多个领域。依据具体应用领域的不同,工业机器人又可分成物流、码垛、服务等搬运型机器人和焊接、车铣、修磨、注塑等加工型机器人等。可见,机器人的分类方法和标准很多。

(1)按机器人的技术发展水平划分

根据机器人的技术发展水平,可以将工业机器人分为三代。

①示教再现机器人。第一代工业机器人是示教再现型,如图1.2所示。这类机器人能够按照人预先示教的轨迹、行为、顺序和速度重复作业。示教可以由操作人员手把手地进行,比如操作人员握住机器人的喷枪,沿喷漆路线示范一遍,机器人记住这一连串运动,工作时,自动重复这些运动,从而完成给定位置的涂装工作。这种方式即所谓的"直接示教"。但是,比较普遍的方式是通过示教器示教,即操作人员利用示教器上的开关或按键来控制机器人一步一步地运动,机器人自动记录,然后重复作业。目前在工业现场应用的机器人大多数属于第一代。

图1.2　示教再现机器人

②感知机器人。第二代工业机器人具有环境感知装置,如图1.3所示为配备视觉系统的工业机器人。它能在一定程度上适应环境的变化,目前已进入应用阶段。以焊接机器人为例,机器人焊接的过程一般是通过示教方式给出机器人的运动曲线,机器人携带焊枪沿着该曲线进行焊接。这就要求工件的一次性要好,即工件被焊接位置必须十分精确。否则,机器人携带焊枪所走的曲线和工件的实际焊缝位置会有偏差。为解决这个问题,第二代工业机器人(应用于焊接作业时)采用焊缝跟踪技术,通过传感

图1.3　配备视觉系统的工业机器人

器感知焊缝的位置,再通过反馈控制,能够自动跟踪焊缝,从而对示教的位置进行修正,即使实际焊缝相对于原始设定的位置有变化,机器人仍然可以很好地完成焊接工作。类似的技术正越来越多地应用于工业机器人。

③智能机器人。第三代工业机器人称为智能机器人,其中,发现问题并自主解决问题的能力尚处于试验研究阶段。作为发展目标,这类机器人具有多种传感器,不仅可以感知自身的状态,比如所处的位置、自身的故障情况等,而且可以感知外部环境的状态,比如自动发现路况,撤出协作机器的相对位置、相互作用的力等。更为重要的是,第三代工业机器人能够根据获得的信息,进行逻辑推理、判断决策,在变化的内部状态及外部环境中,可自主决定自身的行为。这类机器人具有高度的适应性和自制能力。尽管经过多年的不懈研究,人们研制了很多各具特点的试验装置,提出了大量新思想、新方向,但是现在工业机器人的自适应技术还比较有限。

（2）按机器人的机构特征划分

工业机器人的机械配置形式多种多样,典型机器人的动作机构特征是用其坐标特性来描述的。按基本动作机构特征,工业机器人通常可分为直角坐标机器人、柱面坐标机器人、球面坐标机器人和多关节型机器人等类型。

①直角坐标机器人。如图1.4所示,直角坐标机器人具有空间上相互垂直的多个直线移动轴(通常3个),通过直角坐标方向的每个独立自由度确定其手部的空间位置,其动作空间为一长方体。直角坐标机器人结构简单,定位精度高,空间轨迹易于求解;但其动作范围相对较小,设备的空间因数较低,实现相同的动作空间要求时,机体本身的体积较大。

②柱面坐标机器人。如图1.5所示,柱面坐标机器人的空间位置机构主要由旋转基座、垂直移动轴和水平移动轴构成,具有一个回转和两个平移自由度,其动作空间呈圆柱体。这种机器人的优点是结构简单、刚性好,缺点是在机器人的动作范围内,必须有沿轴线前后方向的移动空间,空间利用率较低。著名的Versatran机器人就是典型的柱面坐标机器人。

图1.4　直角坐标机器人

图1.5　柱面坐标机器人

③球面坐标机器人。如图1.6所示,其空间位置分别由旋转、摆动和平移3个自由度确定,动作空间形成球面的一部分。其机械手能够前后伸缩移动、在垂直平面上移动及绕底座在水平面上转动。著名的Unimate机器人就属于这种类型。其特点是结构紧凑,机器人所占空间的体积小于直角坐标机器人和柱面坐标机器人,但仍大于多关节型机器人。

④多关节型机器人。它由多个旋转和摆动机构组合而成。这类机器人结构紧凑、工作空间大、动作最接近于人的动作,对涂装、装配、焊接等多种作业都有良好的适应性,其应用范围也越来越广。不少知名的机器人都采用了这种形式,其摆动方向主要有铅锤方向和水平方向两种,因此这类机器人又可分为垂直多关节型机器人和水平多关节型机器人。美国Unimation公司在20世纪70年代末推出的机器人PUMA就是垂直多关节型机器人,而日本

三梨大学研制的机器人 SCARA 则是典型的水平多关节型机器人。目前世界工业界装机最多的工业机器人是 SCARA 型四轴机器人和串联关节型垂直六轴机器人。

图 1.6 球面坐标机器人

如图 1.7 所示,垂直多关节型机器人模拟了人类的手臂,由垂直于地面的腰部旋转轴(相当于大臂旋转的肩部旋转轴)、带动小臂旋转的肘部旋转轴和小臂前端的手腕等构成。手腕通常由 2~3 个自由度构成。其动作空间近似一个球体,所以多关节型机器人也称为多关节球面机器人。其优点是可以自由地实现三维空间中的各种姿势,可以生成各种复杂形状的轨迹;相对于机器人的安装面积,其动作范围很宽。其缺点是结构刚度较低,动作的绝对位置精度较低。

(a)　　　　　　　　　　　　　　　(b)

图 1.7 多关节机器人

水平多关节型机器人在结构上具有串联配置的两个能够在水平面内旋转的手臂,其自由度可以根据用途选择 2~4 个,动作空间为一圆柱体。水平多关节型机器人在垂直方向上的刚性好,能方便地实现二维平面上的动作,普遍应用于装配作业中。

2. 工业机器人的应用

自 1969 年美国通用汽车公司用 21 台工业机器人组成了焊接轿车车身的自动生产线后,各发达国家都非常重视工业机器人的研制和应用,相继形成了一批在国际上较有影响力的、知名的工业机器人公司。这些公司目前在我国的工业机器人市场中也处于领先地位,主要分为日系和欧系两类,具体来说,又可分成"四大"和"四小"两个阵营。"四大"即瑞士 ABB 公司、日本 FANUC 公司、YASKAWA 公司及德国 KUKA 公司;"四小"即日本 OTC

❖ 公司、PANASONIC 公司、NACHI 公司及 KAWASAKI 公司。其中,日本 FANUC 公司与 YASKAWA 公司、瑞士 ABB 公司三家生产的机器人销量在全球均突破 20 万台,德国 KUKA 公司生产的机器人的销量也突破了 15 万台。国内的工业机器人厂商中,既有像沈阳新松自动化股份有限公司这样的机器人技术引领者,也有像南京埃斯顿自动化股份有限公司和广州数控设备有限公司这些伺服、数控系统生产者。当今世界近 50% 的工业机器人被集中应用在汽车领域,主要进行搬运、码垛、焊接、涂装和装配等复杂作业。

（1）搬运

搬运作业是指用一种设备握持工件,将其从一个加工位置移到另一个加工位置。搬运机器人可安装不同的末端执行器(如机械手爪、真空吸盘、电磁吸盘等)以完成各种不同形状和状态的工件搬运。使用搬运机器人大大减轻了人类繁重的体力劳动。通过作业编程控制,可以让多台机器人配合各个工序不同设备的工作时间,实现流水线作业的最优化。搬运机器人具有定位准确、工作节拍可调、工作空间大、性能优良、运行平稳可靠、维修方便等特点。目前世界上使用的搬运机器人已超过 10 万台,广泛应用于机床上下料、自动装配流水线、集装箱的自动搬运等。

（2）码垛

码垛机器人是机电一体化高新技术产品,它可以满足中低产量的生产需要,也可按照要求的编组方式和层数,完成对料袋、胶块、箱体等各种产品的码垛。用机器人替代人工搬运、码垛,在生产上能迅速提高企业的生产效率和产量,同时能减少因人工搬运造成的错误。机器人码垛可全天候作业,由此每年能节约大量的人力资源成本,实现减员增效。码垛机器人广泛应用于化工、食品、啤酒、塑料等生产企业,对纸箱、袋装、罐装、瓶装啤酒箱等各种形状的包装成品都适用。

（3）焊接

焊接是目前工业机器人应用最广的领域(如工程机械、汽车制造、电力建设、钢结构等)。焊接机器人能够在恶劣的环境下连续工作数月并能提供稳定的焊接质量。使用焊接机器人提高了工作效率,减轻了工人的劳动强度。采用机器人焊接是焊接自动化的革命性进步,它突破了焊接刚性自动化(焊接专机)的传统方式,开拓了一种柔性自动化生产方式,实现了在一条焊接机器人生产线上同时自动生产若干种焊件。

（4）涂装

机器人涂装工作站或生产线充分利用了机器人灵活、稳定、高效的特点,适用于生产量大、产品型号多、表面形状不规则的工件外表面涂装,广泛应用于汽车、汽车零配件(如发动机、保险杠、变速箱、弹簧、板簧、塑料件等)、铁路(如客车、机车、油罐车等)、家电(如电视机、电冰箱、洗衣机、电脑、手机等外壳)、建材(如陶瓷)、机械(如电动机减速器)等行业。

（5）装配

装配机器人是柔性自动化系统的核心设备,其末端执行器为适应不同的装配对象而设计成各种"手爪",传感系统用于获取装配机器人与环境和装配对象之间相互作用的信息。与一般工业机器人相比,装配机器人具有精度高、柔顺性好、工作范围小、能与其他系统配套使用等特点,主要应用于各种电器的制造及流水线产品的组装作业,具有高效、精确、可不间断工作等特点。

综上所述,在工业生产中应用机器人可方便迅速地改变作业内容或方式,以满足生产要求的变化,比如,改变焊缝轨迹、改变涂装位置、变更装配部件或位置等。随着工业对生产线柔性的要求越来越高,对各种机器人的需求也会越来越强烈。

【任务实施】

一、任务实施目的

1. 掌握工业机器人的基本概念。
2. 了解工业机器人的发展历程及趋势。
3. 掌握工业机器人的分类方法。
4. 熟知工业机器人的应用。
5. 了解实训中心管理制度。
6. 深入强化 6S 管理素养。

二、设备和工具

各类型工业机器人。

三、任务实施内容

参观工业机器人实训中心。

【任务考核】

考核项目	考核内容	要求及评分标准	配分	成绩
理论知识	工业机器人基本概念	能说明什么是工业机器人	10	
		能说明工业机器人有哪些特点	10	
	工业机器人分类及应用	能说明工业机器人操作系统如何备份与恢复	10	
		能说明工业机器人系统时间如何设定	10	
实际操作评定	认知工业机器人	认知实训中心内各类型工业机器人	40	
文明生产	安全操作	符合安全操作规程	5	
	6S 标准执行	工作过程符合 6S 标准,及时清理、维护设备	5	
	团队合作	具备小组间沟通、协作能力	10	
合计			100	
开始时间:		结束时间:		

【习题思考】

1. 什么是工业机器人?
2. 工业机器人有哪些特点?
3. 工业机器人操作系统如何备份与恢复?
4. 工业机器人系统时间如何设定?

任务2 工业机器人系统组成

【任务目标】

1. 熟知工业机器人系统组成。
2. 熟知工业机器人的技术指标及选型标准。
3. 掌握工业机器人的运动控制方式。
4. 能完成工业机器人的开关机等简单操作。

【任务引入】

在熟知工业机器人系统组成及相关技术指标的基础上,掌握工业机器人的运动控制方式,点位运动与连续运动的特点和操作方法;能熟练完成工业机器人的开关机等操作。

【背景知识】

一、工业机器人的基本组成

工业机器人的系统由三大部分共六个子系统组成,三大部分包括控制部分、机械部分和传感器检测部分,六大子系统为人机交互系统、控制系统、驱动系统、机械结构系统、感受系统,以及机器人–环境交互系统。

工业机器人是一种具有手臂、手腕和手部功能的机电一体化装置,可对物体运动的位置、速度和加速度进行精确控制,从而完成某一工业生产的作业要求。如图1.8所示,当前工业中应用最多的第一代工业机器人主要由以下三部分组成:操作机、示教器和控制器。第二代及第三代工业机器人除上述三部分外还包括感知系统和分析决策系统,它们分别通过传感器及软件实现作业。

1—操作机;2—示教器;3—控制器。

图1.8 工业机器人系统组成

二、工业机器人的技术指标

工业机器人的技术指标反映了机器人的使用范围和工作性能,是在选择和使用机器人时必须考虑的问题。尽管各机器人厂商所提供的技术指标不完全一样,机器人的结构、用途及用户的要求也不尽相同,但其主要技术指标均包括自由度、工作精度、工作空间、最大工作速度和额定负载等。

1. 自由度

工业机器人的自由度是指机器人所具有的独立坐标轴运动的数目,末端执行器的动作不包括在内,它通常作为机器人的技术指标,反映机器人动作的灵活性,可用轴的直线移动、摆动或旋转动作的数目来表示。采用空间开链连杆机构的机器人,因每个关节运动副仅有 1 个自由度,所以机器人的自由度就等于它的关节数。由于具有 6 个旋转关节的铰接开链式机器人从运动学上已被证明能以最小的结构尺寸获取最大的工作空间,并且能以较高的位置精度和最优的路径到达指定位置,因此它在工业领域得到了广泛应用。目前,焊接和涂装作业机器人多有 6 或 7 个自由度,而搬运、码垛和装配机器人多有 4~6 个自由度。

2. 工作精度

机器人的工作精度指的是定位精度和重复定位精度。定位精度(也称“绝对精度”)是指机器人末端执行器实际到达位置与目标位置间的差异。重复定位精度(简称“重复精度”)是指机器人的末端执行器重复定位于同一目标位置的能力。工业机器人具有绝对精度低、重复精度高的特点。一般而言,工业机器人的绝对精度要比重复精度低 1~2 个数量级,造成这种情况的主要原因是机器人控制系统根据机器人的运动学模型来确定机器人末端执行器的位置,然而,这个理论上的模型和实际机器人的物理模型之间存在一定的误差,产生误差的原因主要是机器人本身的制造误差、工件加工误差、机器人与工件的定位误差等。目前,工业机器人的重复精度可达 0.5 mm 以内。根据作业任务和末端持重的不同,对机器人重复精度的要求也有所不同。

3. 工作空间

工作空间也称工作范围、工作行程,它是工业机器人在执行任务时,其手腕参考点所能掠过的空间。由于工作范围的形状和大小反映了机器人工作能力的强弱,因此它对于机器人的应用十分重要。工作范围不仅与机器人各连杆的尺寸有关,还与机器人的总体结构有关。为了能够真实反映机器人的特征参数,厂家所给出的工作范围一般指不安装末端执行器时可以到达的区域。应特别注意的是,在装上末端执行器后,需要同时保证工具姿态,实际的可达空间会比厂家给出的要小,需要认真地用比例作图法或模型法核算,以判断其是否满足实际需要。目前,单体工业机器人本体的工作半径可达 3.5 m 左右。

4. 最大工作速度

最大工作速度是在各轴联动的情况下,机器人手腕中心所能达到的最大线速度。这是影响生产效率的重要指标。生产厂家一般都会在技术参数中对最大工作速度加以说明。最大工作速度越高,生产效率也就越高。然而,最大工作速度越高,对机器人最大加速度的要求也就越高。

5. 额定负载

额定负载也称持重,是指在正常操作条件下,作用于机器人手腕末端且不会使机器人性能降低的最大载荷。目前使用的工业机器人负载范围从 0.5 kg 到 800.0 kg 不等。

除上述五项技术指标外,还应注意机器人控制方式、驱动方式、安装方式、存储容量、插补功能、语言转换、自诊断及自保护、安全保障功能等。

三、工业机器人的运动控制方式

工业机器人的运动控制方式主要有四种：点位控制方式(point to point, PTP)、连续轨迹控制方式(continuous path, CP)、力(力矩)控制方式、智能控制方式。

1. 点位控制方式

PTP 只关心机器人末端执行器运动的起点和目标位姿，而不关心两点之间的运动轨迹。PTP 比较简单，比较容易实现。如图 1.9 所示，工业机器人末端执行器由 A 点通过 PTP 运动到 B 点，那么机器人可沿①~③中的任一路径运动。

这种控制方式的特点是控制工业机器人末端执行器在作业空间中某些规定的离散点上的位姿。控制时只要求工业机器人快速、准确地实现相邻各点之间的运动。由于其控制方式易于实现、定位精度要求不高，因此常被应用在上下料、搬运、点焊和在电路板上安插元器件等只要求目标点处保持末端执行器位姿准确的作业中。这种控制方式比较简单，但是要达到 $2\sim3\ \mu m$ 的定位精度是相当困难的。

图 1.9   工业机器人 PTP 运动和 CP 运动

2. 连续轨迹控制方式

CP 不仅关心机器人末端执行器达到目标点的精度，而且必须保证机器人能沿所期望的轨迹在一定精度范围内重复运动。如图 1.9 所示，工业机器人末端执行器由 A 点直线运动到 B 点，那么机器人可沿路径②运动。

这种控制方式的特点是可连续地控制工业机器人末端执行器在作业空间中的位姿，并要求机器人严格按照预定的轨迹和速度在一定的精度范围内运动，能以速度可控、轨迹光滑、运动平稳状态完成作业任务。工业机器人各关节连续、同步地进行相应的运动，其末端执行器即可形成连续的轨迹。这种控制方式的主要技术指标是工业机器人末端执行器位姿的轨迹跟踪精度及平稳性。通常对弧焊、喷漆、去毛边和检测作业机器人都采用这种控制方式。

3. 力(力矩)控制方式

工业机器人在完成装配、抓放物体等工作时，除了要求准确定位之外，还要求使用适度的力或力矩进行工作，这时就要利用力（力矩）控制方式。这种控制方式的原理与位置伺服控制原理基本相同，只不过输入量和反馈量不是位置信号，而是力(力矩)信号，因此系统中必须有力(力矩)传感器，有时也利用接近、滑动等传感功能进行自适应式控制。

4. 智能控制方式

机器人的智能控制是通过传感器获得周围环境的信息，并根据自身内部的知识库做出相应的决策。智能控制技术使机器人具有较强的环境适应能力及自学习能力。智能控制技术的发展有赖于近年来人工神经网络、基因算法、遗传算法、专家系统等人工智能的迅速发展。

四、工业机器人的选型

目前工业机器人主要用于弧焊、点焊、喷涂、装配及搬运等作业,不同用途的机器人有不同的结构形式、自由度及控制要求。不同的应用条件和工艺要求,对机器人的负载、速度及精度控制要求不同,还需要不同的结构形式。工业机器人选型一般遵循以下原则。

1. 最小运动惯量原则

由于机器人本体运动部件较多,运动状态经常改变,必然会产生冲击和振动,因此采用最小运动惯量原则,尽量减小运动部件的质量,可以增加本体运动的平稳性,提高本体的动力学特性。

2. 尺寸优化原则

当设计要求满足一定工作空间要求时,通过尺寸优化以选定最小的臂杆尺寸,这将有利于本体刚度的提高,使运动惯量进一步降低。

3. 高强度材料选用原则

由于机器人本体从手腕、小臂、大臂到机座是依次作为负载起作用的,因此选用高强度材料以减轻零部件的质量、减少运转的动载荷与冲击、减小驱动装置的负载及提高运动部件的响应速度是十分必要的。

4. 刚度设计的原则

要使刚度最大,必须恰当地选择杆件截面形状和尺寸,提高支承刚度和接触刚度,合理安排作用在臂杆上的力和力矩,尽量减少杆件的弯曲变形。

5. 可靠性原则

机器人本体因结构复杂、环节较多,故其可靠性显得尤为重要。一般来说,元器件的可靠性应高于部件的可靠性,而部件的可靠性应高于整机的可靠性。

6. 工艺性原则

机器人本体是一种高精度、高集成度的自动机械系统,具有良好的加工和装配工艺性是设计时要遵循的重要原则之一。

【任务实施】

一、任务实施目的

1. 熟知工业机器人系统的组成。
2. 熟知工业机器人的技术指标。
3. 掌握工业机器人的运动控制方式。
4. 掌握工业机器人的选型方法及原则。
5. 能完成工业机器人开关机等简单操作。
6. 培养实践动手能力。
7. 深入强化 6S 管理素养。

工业机器人开关机操作

二、设备和工具

IRB120 型 ABB 工业机器人集成多功能实训台,如图 1.10 所示。

图 1.10　IRB120 型 ABB 工业机器人集成多功能实训台(1)

三、任务实施内容

工业机器人开关机操作。

【任务考核】

考核项目	考核内容	要求及评分标准	配分	成绩
理论知识	工业机器人系统组成	简述工业机器人体系由哪些部分组成	5	
	工业机器人技术参数	简述什么是工业机器人的精度和自由度	10	
		简述工业机器人的工作速度和工作范围	10	
		简述什么是工业机器人的负载能力	5	
	工业机器人运动控制方式	简述工业机器人的运动控制方式有哪些	10	
实际操作评定	工业机器人开关机操作	掌握工业机器人开机操作	20	
		掌握工业机器人关机操作	20	
文明生产	安全操作	符合安全操作规程	5	
	6S 标准执行	工作过程符合 6S 标准,及时清理、维护设备	5	
	团队合作	具备小组间沟通、协作能力	10	
合计			100	
开始时间:		结束时间:		

【习题思考】

1. 工业机器人主要是由(　　　)、(　　　)、(　　　)和(　　　)组成。
2. 什么是工业机器人的精度和自由度?
3. 简述工业机器人的工作速度和工作范围。
4. 什么是工业机器人的负载能力?
5. 工业机器人的运动控制方式有哪些?

【拓展知识】

国产工业机器人异军突起——沈阳新松机器人

沈阳新松机器人自动化股份有限公司(以下简称"新松")成立于2000年,是一家以机器人技术和智能制造解决方案为核心的高科技上市公司。新松拥有4 000余人的研发创新团队,同时依托中国科学院沈阳自动化研究所雄厚的技术实力,坚持走自主创新之路,完成了国家重要科技攻关800余项,拥有发明专利1 300余项,书写了中国机器人发展史上百余项"行业首创"!

(1)"火弧"机器人智能焊接系统

焊接机器人是工业机器人中的一大品类,新松对机器人焊接应用系统的集成技术也有10余年的经验积累。新松在焊接领域自我升级,专门为弧焊应用而定制开发出"火弧"机器人智能焊接系统。

目前生产制造应用的焊接用机器人主要有点焊机器人、弧焊机器人、激光焊接机器人三类。新松推出的"火弧"机器人智能焊接系统,顾名思义,专门用于弧焊。弧焊利用电弧放电所产生的热量,将焊条与工件熔化并在冷凝后形成焊缝,从而获得牢固的接头。在弧焊工艺中,被焊工件在局部加热熔化和冷却的过程中会产生变形,直接影响焊接质量。这就要求机器人在强烈的弧光、噪音、烟尘等因素的干扰下,依然能够清晰地"看"到变化,并不断"思考"如何调整焊枪的位置及姿态,以实现最优的焊接效果。

"火弧"机器人智能焊接系统通过智能焊接软件包的焊缝电弧跟踪、多层多道焊接、接触寻位、离线编程等关键智能技术,保证了焊缝过程质量高、焊缝稳定,使工厂的产能及产品的一致性和合格率都得到显著的提升。"火弧"机器人智能焊接系统集机器人系统、焊接系统、工艺系统于一身。"火弧"焊接机器人是该系统的一部分,适合在对弧焊有高要求的各种场景中应用。天津新松副总经理吕忠伟表示,更优化的结构、更灵活的配置和更高的效率是这款产品最值得称道的地方。采用流线型外观设计的"火弧"焊接机器人,手臂纤细且呈中空弓形,在焊接过程中最大限度地减少了工件的干涉,确保了机器人的最佳姿态,可进行无干扰高密度布局;送丝机能够紧凑地在该机器人本体上集成,有效提高了送丝的稳定性。

(2)新松汽车门立柱机器人激光焊接系统

新松为上海交运股份有限公司提供的门立柱机器人激光焊接系统,是根据焊接要求,使用16 kg负载的机器人系统并配置进口的专业激光焊接设备完成焊接工作的。其左、右件各采用一套安放到转台上的工装夹具,用于两工位的转换。焊接工件为镀锌板,板厚1.25 mm,焊缝长度约1 950 mm,焊脚高0.8 mm。门立柱(右)总成包含两个零部件,镀锌板的板厚1.25 mm,焊缝长度约1 950 mm,焊脚高0.8 mm。焊接辅助时间为每条焊缝取3 s,包括机器人两次加减速时间及空程运动时间;系统辅助时间为每工件取6 s,包括伺服转台及变位机转动时间。所有夹具均以气动为主要夹紧方式,使用方便可靠。

(3)手术机器人

"妙手"是一种全新型、具有自主知识产权的腔镜辅助手术机器人系统。系统的主要硬件、软件、材料和系统设计等均为我国自主研制。与国外进口手术机器人相较,"妙手"具有小型化与集成化特点,系统调整布局优化,结构精巧,已突破了微创手术机械多自由度丝传动解耦设计、从操作手的可重构布局原理与实现、系统异体同构控制模型构建三大关键技术问题,解决了机器人成套技术难题,其技术达世界先进水平。它的应用,打破了国外手术机器人技术在全球的垄断局面,并大大降低了患者医疗费用。

(4)核应急机器人

新松核应急机器人(图1.11)具有以下优势:拥有成熟先进的辐照加固技术,可在核工业放射性环境中稳定、可靠作业;具有强大的越障能力,可跨越障碍物以及上下楼梯,其前后摆臂加强了机器人对地形的适应能力;可为其他应急操作提供照明和视觉影像支持,并可现场采集湿度、温度、核辐射剂量率等各类信息;可通过有线与无线相结合的通信方式实现现场信息稳定回传,帮助工作人员制定科学的应急方案,实现对症下药;工作人员可通过可视化操控终端实现机器人远程遥操作,其机械臂搭载不同的末端执行器,可实现开关门、拧阀门、拧螺钉、操作按钮、清除障碍物、采集样品等复杂作业。

图1.11 新松核应急机器人

(5)5G智能巡检机器人

新松5G智能巡检机器人充分考虑5G增强移动带宽(eMBB)、超高可靠低延时通信(uRLLC)的传输能力和与智能机器人安防巡检需求的有机结合。它利用5G通信技术,结合新松自主研发的驱动技术、SLAM技术、自主避障技术、智能识别技术、远程交互技术等,达到智能化、模块化、接口丰富的特点。新松5G智能巡检机器人实现了自主导航、自主避障、自主充电、例巡/特巡/遥控工作模式,可对人体、人脸、车辆、车牌进行智能识别,并具备火灾、气体等异常检测功能。它可工作于各类室外地面环境,包括沥青路面、水泥混凝土路面等室外平整路面,且具备一定的越障能力,适用于室外厂区巡检、园区巡逻、周界巡防、教育实训等应用领域。

　　新松 5G 智能巡检机器人(图 1.12)极大地节约了传统安防行业的人力成本,提高了巡检效率,也充分体现了 5G 网络的卓越性能,为安防行业发展提供了新动能,促进了安防行业智慧升级。

图 1.12　新松 5G 智能巡检机器人

项目2 工业机器人基本操作

任务1 工业机器人操作基础

【任务目标】

1. 熟知工业机器人安全操作相关知识。
2. 熟知示教器界面及其基本功能。
3. 掌握 ABB 工业机器人示教器的基本使用方法。
4. 能够对工业机器人示教器使用环境进行配置。

【任务引入】

保证工业机器人的安全操作是操作工业机器人的基础和关键,在了解工业机器人操作过程及不同运动模式下操作注意事项的基础上,能够在紧急情况下做出相应处理;在认识 ABB 工业机器人示教器的界面、结构和常用功能的基础上,能正确使用示教器进行基本操作,并对工业机器人示教器进行基本的环境配置。

【背景知识】

一、工业机器人安全操作知识

在启动工业机器人之前,首先要仔细阅读工业机器人的产品手册,并阅读产品手册中安全章节里的全部内容。其次在熟练掌握设备相关知识、安全操作信息及注意事项后,才可以操作工业机器人。工业机器人安全操作规范见表2.1。

表 2.1 工业机器人安全操作规范

序号	安全操作 注意事项	操作要点
1	总电源的 安全管理	在进行机器人的安装、维修、保养时,切记要将总电源关闭。带电作业可能会导致致命性后果。工作人员如果不慎遭高压电击,可能会导致烧伤、心跳停止或其他严重伤害。在得到停电通知时,工作人员要预先关断机器人的主电源及气源。突然停电后,工作人员要在来电之前预先关闭机器人的主电源开关,并及时取下夹具上的工件
2	安全距离要求	在调试与运行机器人时,它可能会执行一些意外的或不规范的运动,并且所有的运动都会产生很大的力量,从而严重伤害个人或损坏机器人工作范围内的任何设备,因此应时刻警惕并与机器人保持足够的安全距离

表 2.1(续)

序号	安全操作注意事项	操作要点
3	紧急停止	紧急停止优先于任何其他机器人控制操作,它会断开机器人电动机的驱动电源,停止所有运转部件,切断机器人系统控制及存在潜在危险的部件电源。出现下面情况时应立即按下紧急停止按钮。 (1)机器人运行时,工作区域内有工作人员 (2)机器人伤害了工作人员或损伤了机器设备
4	火灾及静电放电防患	发生火灾时,在确保全体人员安全撤离后再进行灭火,优先处理受伤人员。当电气设备(如机器人或控制器)起火时,使用二氧化碳灭火器,切勿使用水或泡沫
		静电放电是电势不同的两个物体间的静电传导,它既可以通过直接接触传导,也可以通过感应电场传导。搬运部件或部件容器时,未接地的人员可能会传递大量的静电荷。这一放电过程可能会损坏敏感的电子设备,应做好静电放电防护措施
5	示教器的安全使用	在示教器的使用和存放时应避免被人踩踏电缆
		不要摔打、抛掷或重击示教器,这样会导致破损或故障。在不使用该设备时,将它挂到专门存放支架上,以防意外掉到地上
		切勿使用锋利的物体(如螺钉、刀具或笔尖)操作触摸屏
		定期清洁触摸屏。灰尘和小颗粒可能会遮挡屏幕,造成故障
		切勿使用洗涤剂或海绵清洁示教器,应使用软布蘸少量水或中性清洁剂清洁
		没有连接 USB 设备时,务必盖上 USB 端口的保护盖。如果 USB 端口曝露到灰尘中,那么它会中断或发生故障
6	工作人员工作中的安全操作注意事项	如果在保护空间内有工作人员,请手动操作机器人系统
		当进入保护空间时,请准备好示教器,以便随时控制机器人
		注意旋转或运动的工具,如切削工具,确保在接近机器人之前这些工具已经停止运动
		机器人电动机长期运转后温度很高,注意远离工件和机器人系统的高温表面
		注意夹具并确保夹好工件,如果夹具打开,工件会脱落并导致人员伤害或设备损坏。夹具非常有力,如果不按照正确方法操作,也会导致人员伤害。当机器人停机时,夹具不应置物,必须空机
		注意液压、气压系统及带电部件。即使断电,这些电路上的残余电量也很危险
7	手动模式下的安全操作注意事项	在手动全速模式下,机器人以程序预设速度移动。手动全速模式应仅用于所有人员都处于安全保护空间之外时,而且操作人员必须经过培训,熟知潜在的危险。在手动减速模式下,机器人只能减速操作。只要在安全保护空间之内工作,就应始终以手动速度进行操作
8	自动模式下的安全操作注意事项	自动模式用于在生产中运行机器人程序。在自动模式操作情况下,常规模式停止机制、自动模式停止机制和上级停止机制都将处于活动状态

二、工业机器人的示教器

1. 示教器简介

示教器是进行机器人的手动操纵、程序编写、参数配置,以及监控用的手持装置,既是机器人的控制装置,也是人机交互的接口。其主要功能是处理与机器人系统相关的操作,如运行程序、控制机器人本体、创建和修改机器人程序、确认机器人运行状态及输入输出(input/output,I/O)配置等。

如图 2.1 所示为示教器的组成,在示教器上,绝大多数操作都是在触摸屏上完成的,同时示教器也保留了必要的按钮与操作装置。

图 2.1 示教器的组成

2. 示教器的操作界面

ABB 工业机器人示教器的操作界面包含了机器人参数设置、机器人编程及系统相关设置等功能,如图 2.2 所示为示教器的操作界面。比较常用的选项有输入输出、手动操纵、程序编辑器、程序数据、校准和控制面板。操作界面选项说明见表 2.2。

图 2.2 示教器的操作界面

表 2.2　操作界面选项说明

选项名称	说明
HotEdit	程序模块下轨迹点位置的补偿设置窗口
输入输出	设置及查看 I/O 视图窗口
手动操纵	动作模式设置、坐标系选择、操纵杆锁定及载荷属性的更改窗口,也可显示机器人实际位置
自动生产窗口	在自动模式下,可用于直接调试程序并运行
程序编辑器	建立程序模块及例行程序的窗口
程序数据	选择编程时所需程序数据的窗口
备份与恢复	可备份和恢复系统
校准	进行转数计数器和电机校准的窗口
控制面板	进行示教器的相关设定
事件日志	查看系统出现的各种提示信息
FlexPendant 资源管理器	查看当前系统的系统文件
系统信息	查看控制器及当前系统的相关信息

3. 示教器的控制面板

ABB 工业机器人示教器的控制面板包含了对机器人和示教器进行设定的相关功能,如图 2.3 所示为示教器的控制面板界面。控制面板选项说明见表 2.3。

图 2.3　示教器的控制面板界面

表2.3　控制面板选项说明

选项名称	说明
外观	可自定义显示器的亮度和设置左手或右手的操作习惯
监控	动作碰撞监控设置和执行设置
FlexPendant	示教器操作特性的设置
I/O	配置常用I/O信号,在输入输出选项中显示
语言	设置控制器当前语言
ProgKeys	为指定输入输出信号配置快捷键
日期和时间	设置控制器的日期和时间
诊断	创建诊断文件
配置	设置系统参数
触摸屏	触摸屏的重新校准

4.示教器的使能按钮

使能按钮是为保证操作人员的人身安全而设置的,只有正确按下使能按钮,并保持电机处于开启状态,才可对机器人进行手动操作与程序调试。示教器手动上电,首先要保证机器人是在手动运行模式下。将示教器上的使能按钮按下一半时才能启动电机;在完全按下和完全松开时,无法执行机器人运动。使能按钮的状态见表2.4。使能按钮的使用需要反复练习,提高熟练程度,找到手感。

表2.4　使能按钮的状态

示意图	使能按钮状态	电机状态
使能按钮	全松	电机停止
	半按	电机启动
	全按	电机停止

【任务实施】

一、任务实施目的

1.熟悉工业机器人示教器的操作界面。

2.掌握工业机器人示教器操作环境的配置方法。

3.掌握ABB工业机器人示教器的使用方法。

4.培养实践动手能力。

5.深入强化6S管理素养。

设置工业机器人系统语言

二、设备和工具

IRB120 型 ABB 工业机器人集成多功能实训台,如图 1.10 所示。

三、任务实施内容

配置工业机器人示教器的操作环境。

【任务考核】

考核项目	考核内容	要求及评分标准	配分	成绩
理论知识	工业机器人的安全操作	能说明工业机器人手动模式下的安全操作注意事项有哪些	5	
		能说明工业机器人自动模式下的安全操作注意事项有哪些	5	
	示教器认知与配置	能说明工业机器人示教器的功能有哪些	5	
		能说明示教器操作界面常用选项包括哪些	5	
实际操作评定	配置工业机器人示教器的操作环境	熟悉示教器操作界面,正确使用使能开关,操作规范	10	
		正确完成工业机器人语言及时间的设定	10	
		完成查看工业机器人常用信息和日志	10	
		完成备份与恢复工业机器人系统	10	
		完成注销及重启工业机器人系统	10	
		完成工业机器人转数计数器的更新	10	
文明生产	安全操作	符合安全操作规程	5	
	6S 标准执行	工作过程符合 6S 标准,及时清理、维护设备	5	
	团队合作	具备小组间沟通、协作能力	10	
合计			100	

开始时间:	结束时间:

【习题思考】

1. 工业机器人的运行模式主要分为(　　　)和(　　　)两大类。

2. 示教器操作界面上的状态栏可以显示机器人的状态,分别为(　　　)和(　　　)两种状态。

3. 工业机器人如何选择合适的地域和时区,完成系统时间的设置?

4. 工业机器人示教器的功能有哪些?

5. 示教器操作界面的初始语言是什么? 如何设置成中文或其他语言?

任务2 手动操纵工业机器人

【任务目标】

1. 熟知工业机器人各运动轴的名称及特点。
2. 熟知工业机器人运行模式的种类。
3. 掌握各运行模式下工业机器人手动操纵方法。
4. 熟练完成各种运动模式下工业机器人的手动操纵。

【任务引入】

在熟知工业机器人各运动轴的名称及特点、工业机器人三种运行模式的基础上,掌握手动操纵工业机器人的方法,并能熟练完成各种运动模式下工业机器人的手动操纵。

【背景知识】

一、6轴工业机器人各运动轴

工业机器人在生产中的应用过程中,除了其本身的性能特点要满足作业要求外,还需配置相应的外围配套设备,如工件的工装夹具,转动工件的回转台、翻转台,移动工件的移动台等。这些外围设备的运动和位置控制都要与工业机器人相配合,并具有相应的精度。

通常机器人运动轴按其功能可划分为机器人轴、基座轴和工装轴,基座轴和工装轴统称外部轴,如图2.4所示。机器人轴是指机器人操作机(本体)的轴,属于机器人本身。目前商用工业机器人大多采用6轴关节型,如图2.5所示。基座轴是使机器人移动的轴的总称,主要指行走轴(移动滑台或导轨)。工装轴是除机器人轴、基座轴以外的轴的总称,指使工件、工装夹具翻转和回转的轴,如回转台、翻转台等。

6轴关节型机器人,顾名思义,其操作机有6个可活动的关节(轴)。如图2.5所示,将ABB工业机器人的操作机运动轴定义为轴1、轴2、轴3、轴4、轴5和轴6。其中,轴1、轴2和轴3称为基本轴或主轴,用于保证末端执行器达到工作空间的任意位置;轴4、轴5和轴6称为腕部轴或次轴,用于实现末端执行器的任意空间姿态。

如图2.6所示为机器人关节轴的运动方向示意图。工业机器人在出厂时,对各关节轴的机械零点进行了设定,对应着工业机器人本体上6个关节轴同步标记,该零点作为各关节轴运动的基准。机器人的关节坐标是各关节独立运动的参考坐标系,以各关节轴的机械零点和规定的运动方向为基准。

二、工业机器人运行模式的种类及选择

1. 工业机器人的运行模式

工业机器人的运行模式分为手动模式和自动模式两种。部分工业机器人的手动模式又细分为手动减速模式和手动全速模式。在手动减速模式下,机器人的运行速度最高只能达到250 mm/s;在手动全速模式下,机器人将按照程序设置的运行速度进行移动。

图 2.4 机器人系统中的各运动轴

图 2.5 典型机器人操作机运动轴

图 2.6 机器人关节轴的运动方向示意图

在手动模式下,机器人既可以单步运行例行程序,又可以连续运行例行程序,运行程序时需一直手动按下使能按钮。

在自动模式下,按下机器人控制柜上的电按钮后无须再手动按下使能按钮,机器人依次自动执行程序语句并以程序语句设定的速度进行移动。

2. 选择工业机器人的运行模式

在手动模式下,操作人员可以进行机器人程序的编写、调试,示教点的重新设置等。机器人在示教编程的过程中,只能采用手动模式。在手动模式下,操作人员可以有效地控制机器人的运行速度和范围。在手动全速模式下运行程序时,应确保所有人员均处于安全保护空间(机器人运动范围之外)。

机器人程序编写完成,并在手动模式下例行程序调试正确后,方可选择使用自动模式。在生产中大多采用自动模式。

3. 工业机器人的手动/自动运行模式的切换

在手动模式下调试好的程序,可以在自动模式下运行。运行模式的切换可以通过调整工业机器人控制器上的模式开关来实现。如图 2.7 所示为控制柜上的模式切换开关。手动及自动模式

机器人运行模式的切换

下,工业机器人状态显示见表 2.5。

图 2.7 模式切换开关

表 2.5 工业机器人状态显示

示意图	机器人状态
	手动状态
	自动状态

三、工业机器人的手动操纵

手动操纵机器人运动模式有单轴运动、线性运动和重定位运动。下面介绍如何手动操纵机器人进行这三种运动。

1. 单轴运动的手动操纵

通常情况下,ABB 工业机器人由 6 个伺服电机分别驱动机器人的 6 个关节轴,如图 2.6 所示,那么每次手动操纵一个关节轴的运动就称为单轴运动。

单轴运动是每一个轴都可以单独运动,所以在一些特别的场合使用单轴运动操纵机器人方便快捷。例如,在进行计数器更新时,可以用单轴运动的手动操纵;机器人出现机械限位和软件限位,也就是超出移动范围而停止时,可以利用单轴运动的手动操纵,将机器人移动到合适的位置。相比于其他手动操纵模式,使用单轴运动进行粗略的定位和比较大幅度的移动会方便快捷得多。手动操纵单轴运动的方法及步骤见表 2.6。

表 2.6　手动操纵单轴运动的方法及步骤

操作步骤示意图	操纵步骤说明
	1. 将机器人控制柜上"机器人状态钥匙"切换到中间的手动减速状态,在状态栏中,确认机器人动作状态已经切换为"手动"
	2. 点击"ABB"按钮,点击"手动操纵"

表 2.6(续)

操作步骤示意图	操纵步骤说明
	3. 点击"动作模式"
	4. 单击"轴 1-3",然后单击"确定",就可以对轴 1~3 进行操作;单击"轴 4-6",然后单击"确定",就可以对轴 4~6 进行操作
	5. 按下使能按钮,在状态栏中确认进入"电机开启"状态;手动操纵机器人控制手柄,完成单轴运动

2. 线性运动的手动操纵

工业机器人的线性运动是指安装在机器人第 6 轴法兰盘上的工具的工具中心点(tool centre point,TCP)在空间中做线性运动。坐标线性运动时要指定坐标系、工具坐标、工件坐标。坐标系包括大地坐标、基坐标、工具坐标、工件坐标。工具坐标指定了 TCP 的位置,坐标系指定了 TCP 在哪个坐标系中运行,工件坐标指定了 TCP 在哪个工件坐标系中运行,当坐标系选择了工件坐标时,工件坐标才生效。线性运动是工具的 TCP 在空间中 X、Y、Z 方向上的线性运动,运动的幅度较小,适合较为精确的定位和移动。手动操纵线性运动的方法及步骤见表 2.7。

表 2.7　手动操纵线性运动的方法及步骤

操作步骤示意图	操纵步骤说明
	1. 点击"ABB"按钮,单击"手动操纵"
	2. 点击"动作模式"

表 2.7(续)

操作步骤示意图	操纵步骤说明
	3.点击"线性"模式，然后点击"确定"
	4.点击"工具坐标"，对机器人的线性运动的手动操纵要在"工具坐标"中指定对应的工具
	5.点击对应的工具"tool1"，然后点击"确定"；按下使能按钮，并在状态栏中确认已正确进入"电机开启"状态，手动操纵工业机器人控制手柄，完成机器人在 X、Y、Z 方向上的线性运动

3.重定位运动的手动操纵

工业机器人的重定位运动是指机器人第 6 轴法兰盘上的工具的 TCP 在空间中绕着坐

标轴旋转的运动,也可以理解为机器人绕着 TCP 做姿态调整的运动。重定位运动的手动操纵是全方位的移动和调整。手动操纵重定位运动的方法及步骤见表 2.8。

表 2.8 手动操纵重定位运动的方法及步骤

操作步骤示意图	操作说明
	1. 点击"ABB"按钮,点击"手动操纵"
	2. 点击"动作模式"
	3. 点击"重定位",然后点击"确定"

表 2.8(续 1)

操作步骤示意图	操作说明
	4. 点击"坐标系"
	5. 点击"工具",然后点击"确定"
	6. 点击"工具坐标"

表 2.8(续 2)

操作步骤示意图	操作说明
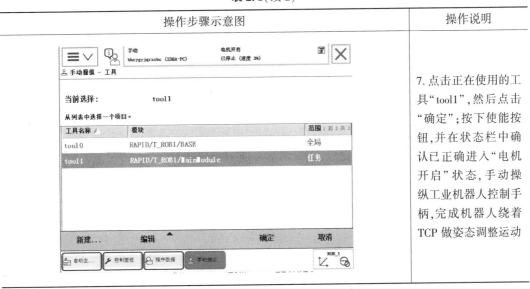	7. 点击正在使用的工具"tool1",然后点击"确定";按下使能按钮,并在状态栏中确认已正确进入"电机开启"状态,手动操纵工业机器人控制手柄,完成机器人绕着 TCP 做姿态调整运动

【任务实施】

一、任务实施目的

1. 熟知工业机器人各运动轴。
2. 熟知工业机器人的运行模式。
3. 掌握各运行模式下工业机器人手动操纵方法。
4. 能够熟练完成三种模式下工业机器人的手动操纵。
5. 培养实践动手能力。
6. 深入强化 6S 管理素养。

工业机器人三种运动模式

二、设备和工具

IRB120 型 ABB 工业机器人集成多功能实训台,如图 1.10 所示。

三、任务实施内容:手动操纵工业机器人

三种运动模式下手动操纵工业机器人。

【任务考核】

考核项目	考核内容	要求及评分标准	配分	成绩
理论知识	工业机器人运动轴及运行模式	简述工业机器人各运动轴的分类及名称	5	
		简述工业机器人各运动轴特点	5	
		简述工业机器人运行模式的种类	5	
	手动操纵	简述各运行模式下工业机器人手动操纵方法	15	

表(续)

考核项目	考核内容	要求及评分标准	配分	成绩
实际操作评定	手动操纵工业机器人	简述单轴运动模式下工业机器人的手动操纵	15	
		简述线性运动模式下工业机器人的手动操纵	15	
		简述重定位运动模式下工业机器人的手动操纵	10	
文明生产	安全操作	符合安全操作规程	10	
	6S 标准执行	工作过程符合 6S 标准,及时清理、维护设备	10	
	团队合作	具备小组间沟通、协作能力	10	
合计			100	
开始时间:		结束时间:		

【习题思考】

1. 在手动模式下,可以进行机器人程序的( )、( )和( )等。
2. 如何实现不同关节轴之间的运动的快速切换?
3. 如何实现不同运行模式之间的切换?

任务 3　工业机器人作业示教

【任务目标】

1. 掌握工业机器人示教的主要内容。
2. 熟悉机器人在线示教的特点与操作流程。
3. 掌握机器人示教,再现工作原理。
4. 能够进行工业机器人简单作业的在线示教与再现。

【任务引入】

工业机器人的编程方式主要包括三个阶段,即示教再现编程阶段、离线编程阶段和自主编程阶段,而目前生产中应用的机器人系统大多处于示教再现编程阶段。因此本任务要求掌握工业机器人示教的主要内容及在线示教的特点、在线示教的具体方法和步骤,并通过工业机器人简单作业的在线示教与再现,掌握机器人示教、再现的操作方法。

【背景知识】

一、工业机器人示教

目前企业中所引入的工业机器人仍然以第一代工业机器人为主,其基本工作原理概括来讲为示教、再现。示教也称导引,即由操作人员直接或间接导引机器人,一步步地按实际作业要求告知机器人应该完成的动作和作业的具体内容,机器人在导引过程中以程序的形式将其记忆下来,并存储在机器人控制装置内;再现则是通过存储内容的回放,使机器人能在一定精度范围内按照程序展现所示教的动作和赋予的作业内容。也就是说,使用机器人代替工人进行自动化作业,必须预先赋予机器人完成作业所需的信息,即工业机器人示教三要素——运动轨迹、作业条件、作业顺序。

1. 运动轨迹

运动轨迹是机器人为完成某一作业,其 TCP 所掠过的路径,它是机器人示教过程的基础。按运动方式区分,工业机器人具有点到点(point-to-point, PTP)运动和连续路径(continuous path, CP)运动两种形式;按运动路径种类区分,工业机器人具有直线和圆弧两种动作类型。其他任何复杂的运动轨迹都可由它们组合而成。

对于直线动作类型,只需要对直线起始点和直线结束点进行示教即可;对于圆弧动作类型,通常而言示教点选取越多,再现路径精度越高,但是为了简化示教过程,通常示教 3 个程序点即可,即圆弧起点、圆弧中间点和圆弧结束点。在具体的操作过程中,通常采用 PTP 方式示教各段运动轨迹的端点,而端点之间的 CP 运动由机器人控制系统的路径规划模块经插补运算而产生。

如示教图 2.8 所示的焊接运动轨迹,机器人将按程序点 1→程序点 2→程序点 3→程序点 4 运动,并且每一段路径都是直线动作类型,将此段路径再现后,即可实现对相应焊缝的连接。

图 2.8　焊接运动轨迹

每个程序点都包含五部分信息,见表 2.9。

表 2.9　程序点属性表

程序点属性名称	程序点属性概念
位置坐标	位置坐标描述机器人 TCP 的 6 个自由度(3 个平动自由度+3 个转动自由度)
插补方式	插补方式是指机器人再现时,从前一程序点移动到当前程序点的动作类型
再现速度	再现速度是指机器人再现时,从前一程序点移动到当前程序点的速度
空走点	机器人再现时,从当前程序点移动到下一程序点的过程中未实施作业
作业点	机器人再现时,从当前程序点移动到下一程序点的过程中处于实施作业状态

2. 作业条件

为获得好的产品质量与作业效果,在机器人再现之前,有必要合理配置其作业的工艺条件。例如,弧焊作业时的电流、电压、速度和保护气体流量;点焊作业时的电流、压力、时间和焊钳类型;涂装作业时涂液的吐出量、选泵、旋杯旋转、调扇幅气压和高电压等。工业机器人作业条件的输入方法主要有以下三种。

（1）使用作业条件文件

输入作业条件的文件称为作业条件文件,使用这些文件可以使作业命令的应用更为简便。

（2）在作业命令的附加项中直接设定

采用此方法进行作业条件的设定,首先需要了解机器人指令的语言形式,或者程序编辑画面的构成要素。程序语句一般由行标号、命令及附加项组成（如图2.9所示,175即行标号,MoveJ为命令,其余部分为附加项）。工业机器人常用移动命令见表2.10。要修改附加项数据,先将光标移动到相应语句上,然后按示教器上的相关按键即可。

175 ‖ **MoveJ shijiao, v200, fine, tool0;**

图2.9 作业命令

表2.10 常用移动命令

运动形式	移动方式	移动命令			
		ABB	FANUC	YASKAWA	KUKA
点位运动	PTP	MoveJ	J	MOVJ	PTP
连续路径运动	直线	MoveL	L	MOVL	LIN
	圆弧	MoveC	C	MOVC	CIRC

（3）手动设定

在某些应用场合,有关作业参数的设定需要手动进行,如弧焊作业时的保护气体流量、点焊作业时的焊接参数等。

3. 作业顺序

作业顺序的设置主要涉及以下两个方面。

（1）作业对象的工艺顺序

在某些简单作业场合,作业顺序的设定同机器人运动轨迹的示教合二为一。

（2）机器人与外围周边设备的动作顺序

在完整的工业机器人系统中,除机器人本身外,还包括一些周边设备,如变位机、移动滑台、自动工具快换装置等。因此如何保证机器人本身与外围设备协调工作,就需要对二者的动作顺序进行规划。

二、工业机器人简单作业的示教与再现

以工业机器人为主的柔性加工生产单元作为未来制造业的主要发展方向,其功能的灵活性和智能性在很大程度上取决于机器人的示教能力,即在工业机器人应用系统中,机器人的作业示教是一个关键环节。作业示教分为在线示教与离线编程示教。其中在线示教

简单直观、易于掌握,是工业机器人目前普遍采用的示教方式。

1. 在线示教及其特点

在线示教是由操作人员手持示教器导引并控制机器人运动,记录机器人作业的程序点并插入所需的机器人命令来完成程序的编制。典型的示教过程是依靠操作人员观察机器人及其末端夹持工具相对于作业对象的位姿,结合示教器的操作反复调整程序点,满足对机器人的作业位姿、运动参数和工艺条件的要求,并将满足作业要求的这些数据记录下来,之后再继续转入下一程序点的示教。为了示教方便以及获取信息的快捷、准确,操作人员可以选择在不同坐标系下手动操纵机器人。工业机器人在线示教与再现过程如图 2.10所示。

图 2.10　工业机器人在线示教与再现

采用在线示教的工业机器人主要有如下特点。

(1)鉴于工业机器人具有较高的重复定位精度,因此在线示教能够降低系统误差对机器人运动绝对精度的影响,这也是目前行业内工业机器人普遍采用这种示教方式的主要原因。

(2)示教过程烦琐、费时,需要根据作业任务反复调整末端执行器的位姿,占用机器人大量的工作时间,时效性较差。

(3)机器人在线示教的精度完全由操作人员的经验决定,对于复杂运动轨迹难以取得令人满意的示教效果。

(4)在柔性制造系统中,在线示教无法与计算机辅助设计(computer aided design,CAD)数据库相连接,因此难以实现 CAD/CAM/Robotics[①] 一体化。

基于上述特点,在线示教的方式适用于那些大批量生产、工作任务简单且变化较小的机器人作业任务的编制,但是其仍然是目前机器人示教应用最为广泛的方式。

---

①　CAM 为计算机辅助制造,全称为 compnter aided manufacture。Robotics 为机器人学。

2.在线示教基本步骤

如图2.11所示为机器人从工件A点到工件B点的运动轨迹,用在线示教方式为机器人输入从A点到B点的加工程序,从而演示在线示教的基本步骤。从图2.11中可看出,此程序由编号为1~6的6个程序点组成,每个程序点的用途说明见表2.11。

图2.11 工业机器人运动轨迹

表2.11 程序点的用途说明

程序点	用途说明	程序点	用途说明	程序点	用途说明
程序点1	机器人原点	程序点3	作业开始点	程序点5	作业规避点
程序点2	作业临近点	程序点4	作业结束点	程序点6	机器人原点

从表2.11中可以看出,一个相对完整的示教路径一般至少需要包含以下程序点:机器人原点、作业临近点、作业开始点、作业结束点、作业规避点。其中机器人原点、作业临近点、作业结束点、作业规避点都属于空走点,作业开始点属于作业点。

如图2.12所示为工业机器人在线示教再现基本流程。

从图2.12中可以看出,工业机器人在线示教主要有以下步骤。

(1)示教前的准备

①工件表面清理。使用钢刷、砂纸等工具将钢板表面的铁锈、油污等杂质清理干净。

②工件装夹。利用夹具将钢板固定在机器人工作台上。

③安全确认。确认操作人员与机器人之间的安全距离。

④机器人原点确认。通过机器人机械臂各关节处的标记或调用原点程序复位机器人。

(2)新建作业程序

作业程序是用机器人语言描述机器人工作单元的作业内容,主要用于输入示教数据和机器人命令。

(3)运动轨迹示教

以图2.11所示的运动轨迹为例,待机位置的程序点1和程序点6要处于与工件、夹具等互不干涉的位置。另外,机器人末端工具在由程序点5向程序点6移动时,也要处于与工件、夹具等互不干涉的位置。具体示教细节参见表2.12。

表2.12 各个程序点具体示教方法

程序点1	示教方法
程序点1 (机器人原点)	(1)按手动操纵机器人要领移动机器人到原点。 (2)将程序点属性设定为"空走点",插补方式选"PTP"。 (3)确认保存程序点1为机器人原点

表 2.12(续)

程序点 1	示教方法
程序点 2 (作业临近点)	(1)手动操纵机器人,将其移动到作业临近点。 (2)将程序点属性设定为"空走点",插补方式选"PTP"。 (3)确定保存程序点 2 为作业临近点
程序点 3 (作业开始点)	(1)手动操纵机器人,将其移动到作业开始点。 (2)将程序属性设定为"作业点/焊接点"插补方式选"直线插补"。 (3)确认保存程序点 3 为作业开始点。 (4)如有需要,手动插入焊接开始作业命令
程序点 4 (作业结束点)	(1)手动操纵机器人,将其移动到作业开始点。 (2)将程序点属性设定为"作业点/焊接点",插补方式选"直线插补"。 (3)确认保存程序点 4 为作业结束点。 (4)如有需要,手动插入焊接结束作业命令
程序点 5 (作业规避点)	(1)手动操纵机器人,将其移动到作业规避点。 (2)将程序点属性设定为"空走点",插补方式选"直线插补"。 (3)确认保存程序点 5 为作业规避点
程序点 6 (机器人原点)	(1)手动操纵器人,将其移动到原点。 (2)将程序点属性设定为"空走点",插补方式选"PTP"。 (3)确认保存程序点 6 为机器人原点

(4)设定作业条件和作业顺序

图 2.11 所示实例中,焊接作业条件的输入主要涉及以下三个方面。

①在作业开始命令中,设定焊接开始规范及焊接开始动作次序。

②在焊接结束命令中,设定焊接结束规范及焊接结束动作次序。

③手动调节保护气体流量。在编辑模式下合理配置焊接工艺参数。

(5)检查试运行

在完成机器人运动轨迹和作业条件的输入后,需试运行测试程序以检查各程序点及参数设置是否正确,此过程称为跟踪。跟踪的主要目的是检查示教生成的运动及末端工具指向位置是否已记录。一般工业机器人可采用单步运转(一行一行校验示教器程序与机器人再现方式)和连续运转(完整运行程序,观察机器人动作是否与期望方式一致)方式进行检查。

3. 离线编程

离线编程是指通过软件在电脑里重建整个工作场景的三维虚拟环境,再根据零件的大小、形状、材料,同时配合软件操作者的一些操作,自动生成机器人的运动轨迹,然后在软件中仿真与调整轨迹,最后生成机器人程序并将其传输给机器人。典型的离线编程系统软件架构包括建模模块、布局模块、编程模块和仿真模块。

离线编程具备以下优势。

(1)减少机器人停机的时间,当对下一个任务进行编程时,机器人可仍在生产线上工作。

图 2.12 工业机器人在线示教基本流程

(2)使编程者远离危险的工作环境,改善编程环境。

(3)离线编程系统应用范围广,可以对各种机器人进行编程。

(4)能方便地实现优化编程。

(5)可对复杂任务进行编程,能够自动识别与搜索 CAD 模型的点、线、面信息并生成轨迹。

(6)便于修改机器人程序。

完整的离线编程步骤如图 2.13 所示。

【任务实施】

一、任务实施目的

1. 掌握工业机器人示教的主要内容。

2. 掌握工业机器人在线示教的特点、在线示教的具体方法和步骤。

3. 通过工业机器人简单作业在线示教与再现,掌握工业机器人示教、再现的操作方法。

4. 理解工业机器人离线编程的概念、特点及步骤。

5. 培养实践动手能力。

6. 深入强化 6S 管理素养。

图 2.13　完整的离线编程步骤

二、设备和工具

IRB120 型 ABB 工业机器人集成多功能实训台,如图 2.14 所示。

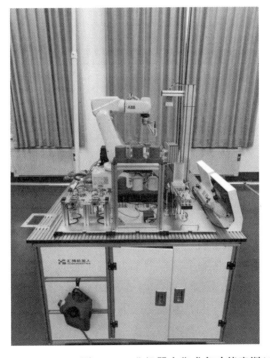

图 2.14　IRB120 型 ABB 工业机器人集成多功能实训(2)

三、任务实施内容

选取一段直线运动轨迹,进行机器人在线示教,并将其运动过程再现。

【任务考核】

考核项目	考核内容	要求及评分标准	配分	成绩
理论知识	工业机器人示教	简述示教的概念	5	
		简述工业机器人示教的步骤	10	
	工业机器人在线示教	简述在线示教的特点	5	
		简述在线示教的具体步骤	10	
	工业机器人离线编程	简述离线编程的具体步骤	10	
实际操作评定	工业机器人在线示教	能创建一段路径,进行在线示教,并通过单步运转、连续运转方式进行验证	30	
文明生产	安全操作	符合安全操作规程	10	
	6S 标准执行	工作过程符合 6S 标准,及时清理、维护设备	10	
	团队合作	具备小组间沟通、协作能力	10	
合计			100	
开始时间:		结束时间:		

【习题思考】

任务 4　工业机器人坐标系的设置

【任务目标】

1.熟知工业机器人坐标系的种类及定义。

2.认知工具数据 tooldata,掌握工具数据 tooldata 的设定方法。

3.认知工件数据 wobjdata,掌握工件数据 wobjdata 的设定方法。

4.掌握外部固定工具的测量与活动工件坐标系的标定方法。

【任务引入】

在熟知工业机器人坐标系种类的基础上,认知工具数据 tooldata 和工件数据 wobjdata,理解其含义,掌握外部固定工具的测量与活动工件坐标系的标定方法,并能够掌握工具数据和工件数据的设定方法。

【背景知识】

一、工业机器人坐标系种类

坐标系是指从一个被称为原点的固定点通过轴定义的平面或空间。机器人目标和位置通过沿坐标系轴的测量来定位。在机器人系统中可使用若干坐标系,每一坐标系都适用于特定类型的控制或编程。机器人系统常用的坐标系有大地坐标系、基坐标系、工具坐标系和工件坐标系,它们均属于笛卡儿坐标系。

1. 大地坐标系

大地坐标系在机器人的固定位置有其相应的零点,是机器人出厂默认的,一般位于机器人底座上。大地坐标系有助于处理多个机器人或由外部轴移动的机器人的相对位置关系。

2. 基坐标系

基坐标系一般位于机器人基座,是便于机器人本体从一个位置移动到另一个位置的坐标系,常应用于机器人扩展轴。在默认情况下,基坐标系与大地坐标系是一致的,如图 2.15 所示。一般地,当操作人员正向面对机器人并在基坐标系下进行线性运动时,操纵杆向前和向后使机器人沿 X 轴移动;操纵杆向两侧使机器人沿 Y 轴移动;旋转操纵杆使机器人沿 Z 轴移动。

3. 工具坐标系

工具坐标系(tool coordinate system,TCS)将机器人第 6 轴法兰盘上携带工具的参照中心点设为坐标系原点,创建一个坐标系,如图 2.16 所示。该参照点称为 TCP。TCP 与机器人所携带的工具有关,机器人出厂时末端未携带工具,此时机器人默认的 TCP 为第 6 轴法兰盘中心点。工具坐标系的方向也与机器人所携带的工具有关,一般定义坐标系的 X 轴与工具的工作方向一致。

图 2.15 工业机器人的基坐标系　　　图 2.16 工业机器人的工具坐标系

4. 工件坐标系

工件坐标系对应工件,其定义位置是相对于大地坐标系(或其他坐标系)的位置,如图 2.17 所示。机器人可以拥有若干工件坐标系,或者表示不同工件,或者表示同一工件在不同位置的若干副本。

图 2.17 工业机器人的工件坐标系

二、工具坐标系

1. 工具数据的定义

工业机器人用于定义工具坐标系的数据称为工具数据(tooldata),它是机器人系统的一个程序数据类型,出厂默认的工具坐标系数据被存储在名为"tool0"的工具数据中,编辑工具数据可以对相应的工具坐标系进行修改。使用预定义方法即设定工具坐标系时,在操纵机器人过程中,系统自动将表中的数值填写到示教器中。如果已知工具的测量值,则可以在设定 tooldata 的示教器界面中对应的设置参数下输入这些数值,以设定其工具坐标系。

2. 工具数据 tooldata 的设定方法

为了让机器人以用户所需要的坐标系原点和方向为基准进行运动,用户可以自由定义工具坐标系。工具坐标系定义即定义工具坐标系的中心点 TCP 及坐标系各轴方向,工具数据 tooldata 的设定方法见表 2.12。

表 2.12 工具数据 tooldata 的设定方法

定义方法	操作步骤
"N 点"法(3≤N≤9)	机器人工具的 TCP 通过 N 种不同的姿态同参考点接触,得出多组解,通过计算得出当前工具 TCP 与机器人安装法兰盘中心点(默认 TCP)的相对位置,其坐标系方向与默认工具坐标系(tool0)一致
"TCP 和 Z"法	在"N 点"法基础上,增加 Z 点与参考点的连线作为坐标系 Z 轴的方向,改变了默认工具坐标系的 Z 方向

表 2.12(续)

定义方法	操作步骤
"TCP 和 Z,X"法	在"N 点"法基础上,增加 X 点与参考点的连线作为坐标系 X 轴的方向,Z 点与参考点的连线作为坐标系 Z 轴的方向,改变了默认工具坐标系的 X 方向和 Z 方向

机器人设定工具坐标系的方法通常采用"TCP 和 Z,X"法($N=4$)。其设定方法如下。

(1)在机器人工作范围内找一个精确的固定点作为参考点。

(2)在工具上确定一个参考点(此点作为工具坐标系的 TCP,最好是工具的中心点)。

(3)手动操纵机器人,以 4 种不同的姿态使工具上的参考点尽可能地与固定点刚好重合接触。机器人前 3 个点的姿态相差尽量大一些,这样有利于 TCP 精度的提高。为获得更准确的 TCP,第 4 点是用工具参考点垂直于固定点,第 5 点是工具参考点从固定点向将要设定为 TCP 的 X 方向移动,第 6 点是用工具参考点从固定点向将要设定为 TCP 的 Z 方向移动。

(4)机器人通过这几个位置点的位置数据确定工具坐标系 TCP 的位置和坐标系的方向数据,然后将工具坐标系的这些数据保存在数据类型 tooldata 的程序数据中,再被程序进行调用。

以采用"TCP 和 Z,X"法($N=4$)建立一个新的工具数据 tool1 为例,操作方法及步骤见表 2.13。

表 2.13 设定工具数据 tooldata 的操作方法及步骤

操作过程示意图	操作步骤说明
	1. 点击图示的示教器的左上角,进入主菜单

表 2.13(续 1)

操作过程示意图	操作步骤说明
	2.按照图示,点击"手动操纵"选项,即可进入"手动操纵"界面
	3.在"手动操纵"界面中点击"工具坐标"选项,即可进入"手动操纵—工具"界面
	4.按照图示点击"新建…"按钮,即可进入"新数据声明"界面,新建工具坐标系

表 2.13(续 2)

操作过程示意图	操作步骤说明
	5. 如左图所示,在"新数据声明"界面中,如需更改名称,点击名称框后面的"…"按钮,系统会弹出键盘,用户可自行定义名称,然后根据需求对工具数据属性进行设定,最后点击"确定"
	6. 除上述方法外,还可以点击"主菜单"按钮。在主界面点击"程序数据"
	7. 选择"tooldata",点击"显示数据"

表 2.13(续 3)

操作过程示意图	操作步骤说明
	8. 点击如左图所示的"新建…"按钮。如需更改名称,点击"…"按钮,可自行定义名称
	9. 选中新建的"tool1",点击"编辑"菜单,然后点击"定义"命令
	10. 在定义方法中选择"TCP 和 Z, X"6点法来设定 TCP,其中"TCP(默认方向)"即为 4 点法设定 TCP,"TCP 和 Z"即为 5 点法设定 TCP

表 2.13(续 4)

操作过程示意图	操作步骤说明
	11. 按下示教器的使能键,操控机器人以任意姿态使工具参考点(即笔尖)靠近并接触 TCP 固定参考点(即尖锥尖端),把当前位置作为第 1 点
	12. 按照图示在示教器操作界面中选中"点 1",然后点击"修改位置"按钮来保存当前位置
	13. 操控机器人变换另一种姿态,使工具参考点(即笔尖)靠近并接触 TCP 固定参考点(即尖锥尖端),把当前位置作为第 2 点(机器人姿态变化越大,TCP 的标定越精准)

表 **2.13**(续 5)

操作过程示意图	操作步骤说明
	14. 按照图示在示教器操作界面中选中"点 2",然后点击"修改位置"按钮来保存当前位置
	15. 操控机器人再变换一种姿态,使工具参考点(即笔尖)靠近并接触 TCP 固定参考点(即尖锥尖端),把当前位置作为第 3 点(机器人姿态变化越大,TCP 的标定越精准)
	16. 按照图示在示教器操作界面中选中"点 3",然后点击"修改位置"按钮保存当前位置

表 2.13(续 6)

操作过程示意图	操作步骤说明
	17. 操控机器人使工具参考点(即笔尖)接触并垂直于 TCP 固定参考点(即尖锥尖端),把当前位置作为第 4 点
	18. 按照图示在示教器操作界面中选中"点 4",然后点击"修改位置"按钮来保存当前位置
	19. 以点 4 的姿态和位置为起始点,在线性模式下,操控机器人向前移动一定距离,作为 X 轴的正方向,即 TCP 到固定参考点的方向+X,如左图所示

表 2.13(续 7)

操作过程示意图	操作步骤说明
	20. 选中"延伸器点 X",然后点击"修改位置"按钮来保存当前位置(使用 4 点法、5 点法设定 TCP 时不用设定此点)
	21. 以点 4 为固定点,在线性模式下,操控机器人向上移动一定距离,作为 Z 轴的正方向,即 TCP 到固定参考点的方向$+Z$,如左图所示
	22. 选中"延伸器点 Z",然后点击"修改位置"按钮来保存当前位置(使用 4 点法、5 点法设定 TCP 时不用设定此点)

表 **2.13**(续 8)

操作过程示意图	操作步骤说明
	23. 点击"确定"按钮完成 TCP 的定义
	24. 机器人自动计算 TCP 的标定误差,当平均误差(如左图所示)在 0.5 mm 以内时,才可以点击"确定"按钮以进入下一步,否则需要重新标定 TCP
	25. 选中"tool1",点击"编辑"菜单,然后点击"更改值"命令进入下一步

表 **2.13**(续 9)

操作过程示意图	操作步骤说明
	26. 点击图示右下角的三角形按钮,可进行翻页。找到名称"mass",即工具的质量,单位为 kg。本任务中将"mass"的值更改为"1",点击"确定"按钮
	27. tload. cog. x、tload. cog. y、tload. cog. z 数值是工具重心基于 tool0 的偏移量,单位为 mm。在本任务中,将 z 的值更改为"10",最后点击"确定"按钮
	28. 按照图示,选中新标定的工具坐标系"tool1",点击"确定"按钮,完成工业机器人工具坐标系 TCP 的设定

三、工件坐标系

1. 工件数据 wobjdata

对机器人进行编程,就是在工件坐标之间创建目标和路径,这将带来很多好处。

(1)重新定位工作站中的工件时,只需更改工件坐标的位置,所有路径将随之更新。

(2)可允许操作以外部轴或传送导轨移动的工件,因为整个工件可连同其路径一起移动。

在工件对象的平面上,只需要定义 3 个点,就可以建立 1 个工件坐标。正确设定工件坐标的必要性如图 2.18 所示。

(a) 不准确的工件坐标　　　　(b) 准确的工件坐标

图 2.18　正确设定工件坐标的必要性

2. 工件数据 wobjdata 的设定方法

如图 2.17 所示,A 是机器人的大地坐标系,为了方便编程,给第一个工件建立了一个工件坐标 B,并在这个工件坐标 B 中进行轨迹编程。如果台上还有一个同样的工件需要走一样的轨迹,那只需建立一个工件坐标 C,将工件坐标 B 中的轨迹复制一份,然后将工件坐标从 B 更新到 C,不需要对同样的工件进行重复轨迹编程。

如图 2.19 所示,如果在工件坐标 B 中对 A 对象进行了轨迹编程,那么当工件坐标位置变化成工件坐标 D 后,只需在机器人系统重新定义工件坐标 D,机器人的轨迹就自动更新到 C,不需要再次进行轨迹编程。这是因为 A 相对于 B 与 C 相对于 D 的关系是一样的,并没有因为整体偏移而发生变化。

在对应的平面上,只需要定义 3 个点,就可以建立 1 个工件坐标,并且工件坐标符合右手定则。如图 2.20 所示,其中 $X1$ 为工件的原点,$X1$、$X2$ 确定工件坐标 X 正方向,$Y1$ 确定工件坐标 Y 正方向。

以采用"TCP 和 Z,X"法($N=4$)建立一个新的工具

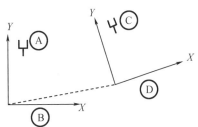

图 2.19　工件坐标系的偏移

❖ 数据 tool1 为例,设定工件数据 wobjdata 的操作方法及步骤见表 2.14。

图 2.20　定义工件坐标系的原理

表 2.14　设定工件数据 wobjdata 的操作方法及步骤

操作过程示意图	操作步骤说明
	1. 在手动操纵面板中点击"工件坐标"
	2. 点击"新建"按钮

表 2.14(续 1)

操作过程示意图	操作步骤说明
	3. 对工件数据属性进行设定后，点击"确定"
	4. 打开"编辑"菜单，点击"定义…"
	5. 将"用户方法"设定为"3 点"

表 **2.14**(续 2)

操作过程示意图	操作步骤说明
	6. 手动操纵机器人的工具参考点,使之靠近定义工件坐标的 $X1$ 点(X_1 点为坐标系原点,用户可自行定义)
	7. 点击"修改位置",将 $X1$ 点记录下来
	8. 手动操纵机器人的工具参考点,靠近定义工件坐标的 $X2$ 点(X_2 是在定义的 X 轴方向上任取代一点,此点要远离原点)

表 2.14(续 3)

操作过程示意图	操作步骤说明
	9. 点击"修改位置"，将 $X2$ 点记录下来
	10. 手动操纵机器人的工具参考点，靠近定义工件坐标的 $Y1$ 点
	11. 在示教器中完成对 $Y1$ 位置的修改，点击"确定"

表 2.14(续 4)

操作过程示意图	操作步骤说明
	12. 对工件位置进行确认后,点击"确定"
	13. 点击"wobj1",然后点击"确定"
	14. 按照图示的设置,"坐标系"选择创建的工件坐标系,使用线性动作模式,观察机器人在工件坐标系下移动的方式

四、机器人外部固定工具的测量

测量外部固定工具通常采用"TCP 和 Z,X" 6 点法,即确定外部 TCP 相对于基坐标系(默认为 wobj0)原点的位置和根据外部 TCP 确定该坐标系的姿态。设置步骤如下所述。

1. 确定外部固定工具 TCP

首先将已测量工具作为参考工具,然后在固定工具上确定一个参考点(最好是工具的中心点),使用手动操纵机器人的方法,使已测工具上的参考点以 4 种不同的机器人姿态靠近固定工具上的参考点来固定外部 TCP 相对于基坐标系(默认为 wobj0)的位置,如图 2.21 所示。

2. 确定外部工具的姿态

确定好 TCP 位置后,还需要确定其姿态方向。利用 Z 和 X 方向上的点确定坐标系,方法如下。

(1)使已测量工具参考点从固定工具参考点沿设定的 Z 方向移动(距离最好大于 100 m),确定坐标系的 Z 轴。

(2)使已测量工具参考点从固定工具参考点沿设定的 X 方向移动(距离最好大于 100 m),确定坐标系的 X 轴。

图 2.21　以不同姿态靠近固定工具参考点

以已测工具(尖触头 1,名称为 tool1)为参照工具,按照外部固定工具的测量方法测定外部固定工具(尖触头 2,名称设为 tool2),如图 2.22 所示,图 2-22(a)为尖触头 1,图 2-22(b)为尖触头 2。外部固定工具测量的方法及步骤见表 2.15。

(a) 尖触头 1　　　　　(b) 尖触头 2

图 2.22　参照工具与外部固定工具

表 2.15　外部固定工具测量的方法及步骤

操作过程示意图	操作步骤说明
	1.进入 ABB 主菜单，选择"手动操纵"选项
	2.选择工具坐标,显示可用工具列表
	3.新建工具坐标,名称设为"tool2"

表 2.15(续)

操作过程示意图	操作步骤说明
	4.点击"编辑"菜单，选择"更改值…"，对 tool2 的初始值进行更改
	5.选择"robhold"选项，将"TRUE"改为"FALSE"
	6.确定后返回工具列表，再次点击"编辑"菜单，选择"定义…"，采用"TCP和 Z，X"法测定外部固定工具，最后保留测量所得的数据

五、由工业机器人引导的活动工件的测量

以已测量的外部固定工具(tool2)为参考工具,按照工件的测量方法(3点法),测定由机器人导引的活动工件的坐标系(名称设为"wobj2"),并将测量数据保存。如图2.23所示,图2.23(a)为已测外部工具尖触头2(tool2),图2.23(b)为待测由机器人导引的活动工件(wobj2)。表2.16所示为测量由机器人导引的活动工件的前提条件。

(a)尖触尖2　　　　　　　　　　　　　(b)活动工件

图 2.23　活动工件的坐标系

表 2.16　测量由机器人导引的活动工件的前提条件

序号	测量由机器人导引的活动工件的前提条件内容
1	工件安装在法兰上
2	外部固定工具已测定
3	确定工件位置的点均在机器人可达范围内

测量原理如下所述。

(1)将活动工件的原点移至外部固定工具的 TCP 处,确定工件坐标系的原点,如图2.24 所示。

(2)将活动工件+X 方向上一点移至外部固定工具的 TCP 处,确定坐标系的 X 轴方向,如图 2.25 所示。

(3)将活动工件+Y 方向上一点移至外部固定工具的 TCP 处,确定坐标系的 Y 轴方向,如图 2.26 所示。

图 2.24　确定工具坐标的原点　　图 2.25　确定坐标系的 X 轴方向　　图 2.26　确定坐标系的 Y 轴方向

(4)测量完成后确认并保存测量数据。对外部固定工具进行测量的具体操作方法及步

骤见表 2.17。

表 2.17　活动工件测量的方法及步骤

操作过程示意图	操作步骤说明
	1. 进入 ABB 主菜单,选择"手动操纵"选项
	2. 在"工具坐标"选项中,选择已测量的外部固定工具 tool2
	3. 新建工件坐标,名称设为 wobj2

表 2.17(续 1)

操作过程示意图	操作步骤说明
	4. 点击"编辑"菜单,选择"更改值…"选项
	5. 选择"robhold"选项,将"FALSE"改为"TRUE"
	6. 确定后返回可用工件列表,再次点击"编辑"菜单,选择"定义..."选项

表 2. 17(续 2)

操作过程示意图	操作步骤说明
	7. 使用工件测量的方法（3 点法）进行操作，确定后保存测量的数据

【任务实施】

一、任务实施目的

1. 熟知工业机器人的坐标系种类。
2. 理解工业机器人工具数据与工件数据的含义。
3. 掌握工业机器人工具坐标系创建方法。
4. 掌握工业机器人工件坐标系创建方法。
5. 培养实践动手能力。
6. 深入强化 6S 管理素养。

二、设备和工具

IRB120 型 ABB 工业机器人集成多功能实训台，如图 1. 10 所示。

三、任务实施内容

1. 设置工具坐标系，并对其进行标定。
2. 设置工件坐标系，用三点法建立一个新的工件数据 wobjdata1。

设置工具坐标系

设置工件坐标系

【任务考核】

考核项目	考核内容	要求及评分标准	配分	成绩
理论知识	工业机器人工具数据	掌握工具数据的定义	5	
		掌握创建工具数据的原理	10	
	工业机器人工件数据	掌握工件数据的定义	5	
		掌握创建工件数据的原理	10	
	工具坐标测量	掌握测量外部固定工具通常采用什么方法	10	
实际操作评定	工业机器人工具坐标	正确创建工业机器人工具坐标系,并进行标定	15	
	工业机器人工件坐标	正确创建工业机器人工件坐标系	15	
文明生产	安全操作	符合安全操作规程	10	
	6S 标准执行	工作过程符合 6S 标准,及时清理、维护设备	10	
	团队合作	具备小组间沟通、协作能力	10	
合计			100	
开始时间:			结束时间:	

【习题思考】

1. 工业机器人有哪几种坐标系?

2. 简述什么是 TCP?

3. 工具数据 tooldata 的设定方法有哪几种?

4. 创建工件坐标系的方法叫作什么?

5. 测量外部固定工具通常采用什么方法?

6. 标定活动工件坐标系需要哪些工具?

7. 测量由机器人引导的活动工件的前提条件是什么?

【拓展知识】

工业机器人在智能制造中的应用——搬运机器人

搬运机器人技术是机器人技术、搬运技术和传感技术的融合。目前搬运机器人已广泛应用于实际生产,发挥其强大和优越的特性。经过研发人员不断的努力,搬运机器人技术取得了长足进步,可实现柔性化、无人化、一体化搬运工作,集高效生产、稳定运行、节约空间等优势于一体,展现出搬运机器人强大的功能。现从机器人、传感技术及应用日益广泛的 AGV 搬运车等方面介绍搬运机器人技术的新进展。

一、机器人系统

搬运机器人的出现为全球经济发展带来了巨大动力,使得整个制造业逐渐向"柔性化、无人化"发展,目前机器人技术已日趋完善,逐渐实现规模化与产业化,未来将朝着标准化、轻巧化、智能化发展。在此背景下,搬运机器人公司如何针对不同类型客户进行定制产品的研发和创新,成为搬运行业新的研究课题。

1. 操作机

如图2.27所示为日本FANUC公司推出的万能机器人FANUC R-2000iB。在搬运应用方面,它拥有无可比拟的优越性能,通过对垂直多关节结构进行几乎完美的最优化设计,使得R-2000iB在保持最大动作范围和最大可搬运质量同时,大幅度减轻自身质量,实现紧凑机身设计,具有紧凑的手腕结构、狭小的后部干涉区域、可高密度布置机构等特点。如图2.28所示为瑞士ABB公司推出的最快速升级版IRB 6660-100/3.3型机器人。它可解决压力机上下料面临的坯件体积大、质量大、搬运距离长等难题,且比同类产品生产速度提高15%,缩短生产节拍,是目前市场上能够处理大坯件最快速的压力机上下料机器人。

2. 控制器

机器人单机操作有时难以满足大型构件或散堆件的搬运。为此,国外一些著名的机器人公司推出的机器人控制器都可实现同时对几台机器人和几个外部轴的协同控制。如图2.29所示为FANUC公司推出的机器人控制柜R-30iA,它可实现散堆工件搬运,大幅度提高CPU的处理能力,并且增加了新的软件功能,可实现机器人的智能化与网络化,具有高速动作性能、内置视觉功能、散堆工件取出功能、故障诊断功能等。

图2.27　FANUC R-2000iB

图2.28　IRB 6660-100/3.3

3. 示教器

一般来讲,一个机器人单元包括一台机器人和一个带有示教器的控制单元手持设备,能够远程监控机器人(它收集信号并提供信息的智能显示)。传统的点对点模式,由于受线缆方式的局限,导致费用昂贵并且示教器只能用于单台机器人。如图2.30所示,COMAU公司的无线示教器WiTP,与机器人控制单元之间采用了该公司的专利技术"配对-解配对"安全连接程序,多个控制器可由一个示教器控制,同时可与其他Wi-Fi资源实现数据传送与接收,有效范围达100 m,且各系统间无干扰。

图 2.29　机器人控制柜 R-30iA　　　　　　　图 2.30　线示教器 WiTP

二、传感技术

随着制造生产的繁重性和人口红利的逐渐消失,已逼迫众多企业向无人化、自动化、柔性化转型并追求生产产品的高精度和质量的优越性。传感技术应用到搬运机器人中,极大地拓宽了搬运机器人的应用范围,提高了生产效率,保证了产品质量的稳定性和可追溯性。如图 2.31 所示为带有视觉系统和立体传感器的搬运机器人。搬运机器人传感系统的流程是视觉系统采集被测目标的相关数据,控制柜内置相应系统进行图像处理和数据分析,转换成相应的数据量,传给搬运机器人,机器人以接收到的数据为依据,进行相应作业。通过携带立体传感器,机器人可搬运杂乱无章的部件,并可简化排列工序。

图 2.31　带有视觉系统和立体传感器的搬运机器人

带有传感器的搬运机器人生产节拍稳定,产品质量高,产品周期明确,生产安排易控制。机器人与传感系统的使用,降低了人工对产品质量和稳定性的影响,保证了产品的一致性。

三、AGV 搬运车

AGV 搬运车是一种无人搬运车(automated guided vehicle),是指装备有电磁或光学等自动导引装置,能够沿规定的导引路径行驶,具有安全保护及各种移载功能的运输车,工业应用中无需驾驶员的,通常可通过电脑程序或电磁轨道信息控制其移动,属于轮式移动搬运机器人范畴。AGV 搬运车广泛应用于汽车底盘合装,汽车零部件装配、烟草、电力、医药、化工等的生产物料运输,具有行动快捷,工作效率高,结构简单,有效摆脱场地、道路、空间限制等优势,充分体现出其自动性和柔性,可实现高效、经济、灵活的无人化生产。通常 AGV 搬运车可分为列车型、平板车型、带移载装置型、货叉型及带升降工作台型,举例详见表 2.18。

表 2.18 AGV 搬运车种类及功能

名称	功能简介	图示举例
列车型 AGV	最早开发的产品,由牵引车和拖车组成,一辆牵引车可带若干节拖车,适合成批量小件物品长距离运输,在仓库离生产车间较远时应用广泛	
平板车型 AGV	多需人工卸载,载重量 500 kg 以下的轻型车主要用于小件物品搬运,适用于电子行业、家电行业、食品行业	
带移载装置型 AGV	装有输送带或辊子输送机等类型移载装置,通常和地面板式输送机或辊子机配合使用,以实现无人化自动搬运作业	
货叉型 AGV	类似于人工驾驶的叉车起重机,本身具有自动装卸载能力,主要用于物料自动搬运作业以及在组装线上做组装移动工作台使用	
带升降工作台型 AGV	主要应用于机器制造业和汽车制造业的组装作业,因带有升降工作台,故可使操作者在最佳高度下作业,提高工作质量和效率	

项目3　工业机器人I/O通信设置

任务1　配置工业机器人的标准I/O板

【任务目标】

1. 了解工业机器人 I/O 通信的种类。
2. 熟知 DSQC651 标准 I/O 板的组成。
3. 掌握 DSQC652 标准 I/O 板的组成。
4. 掌握 DSQC651 标准 I/O 板的定义。

【任务引入】

在了解机器人 I/O 通信的种类及熟知 DSQC651 标准 I/O 板的基础上，掌握 DSQC651 标准 I/O 板的配置过程，并能够对 DSQC651 标准 I/O 板进行相关信号的定义。

【背景知识】

工业机器人拥有丰富的 I/O 通信接口，可以轻松地实现与周边设备进行通信。

一、工业机器人 I/O 通信的种类

工业机器人的 I/O 通信方式见表 3.1，其中 RS232 通信、OPC server、Socket Message 是与 PC 通信时的通信协议，与 PC 进行通信时需在 PC 端下载 PC SDK，添加"PC—INTERFACE"选项方可使用；DeviceNet、Profibus、Profibus-DP、Profinet、EtherNet IP 则是不同厂商推出的现场总线协议，根据需求进行选配，使用合适的现场总线；如果使用机器人标准 I/O 板，就必须有 DeviceNet 总线。

表 3.1　工业机器人的 I/O 通信方式

PC 通信	现场总线协议	机器人标准
RS232 通信(串口外接条形码读取及视觉捕捉等)	DeviceNet	标准 I/O 板
OPC server	Profibus	PLC
Socket Message(网口)	Profibus-DP	……
—	Profinet	……
—	EtherNet IP	……

标准 I/O 板提供的常用信号有数字输入 di、数字输出 do、模拟输入 ai、模拟输出 ao，以及输送链跟踪(如 DSQC377A)，常用的标准 I/O 板有 DSQC651 和 DSQC652。机器人可以选

配标准的 PLC(本体同厂家的 PLC),既省去了与外部 PLC 进行通信的设置,又可以直接在机器人的示教器上实现与 PLC 相关的操作。

二、标准 I/O 板 DSQC651

机器人常用的标准 I/O 板(见表 3.2)有 DSQC651、DSQC652、DSQC653、DSQC355A、DSQC377A5 种,除了地址分配不同外,其配置方法基本相同。

表 3.2 常用的标准 I/O 板

序号	型号	说明
1	DSQC651	分布式 I/O 模块,di8、do8、ao2
2	DSQC652	分布式 I/O 模块,di16、do16
3	DSQC653	分布式 I/O 模块,di8、do8 带继电器
4	DSQC355A	分布式 I/O 模块,ai4、ao4
5	DSQC377A	输送链跟踪单元

DSQC651 板主要提供 8 个数字输入信号、8 个数字输出信号和 2 个模拟输出信号的处理。DSQC651 板如图 3.1 所示,包括数字信号输出指示灯、X1 数字输出接口、X3 数字输入接口、X5 DeviceNet 接口、X6 模拟输出接口、模块状态指示灯和数字输入信号指示灯。

A—数字信号输出指示灯;B—X1 数字输出接口;C—X6 模拟输出接口;D—X5 DeviceNet 接口;
E—模块状态指示灯;F—X3 数字输入接口;G—数字输入信号指示灯。

图 3.1 DSQC651 板

DSQC651 板的 X1、X3、X5、X6 模块接口连接说明如下。

1. X1 端子

X1 端子接口包括 8 个数字输出,地址分配见表 3.3。

表 3.3　DSQC651 板的 X1 端子地址分配

X1 端子编号	使用定义	地址分配
1	OUTPUT CH1	32
2	OUTPUT CH2	33
3	OUTPUT CH3	34
4	OUTPUT CH4	35
5	OUTPUT CH5	36
6	OUTPUT CH6	37
7	OUTPUT CH7	38
8	OUTPUT CH8	39
9	0 V	—
10	24 V	—

2. X3 端子

X3 端子接口包括 8 个数字输入,地址分配见表 3.4。

表 3.4　DSQC651 板的 X3 端子地址分配

X3 端子编号	使用定义	地址分配
1	INPUT CH1	0
2	INPUT CH2	1
3	INPUT CH3	2
4	INPUT CH4	3
5	INPUT CH5	4
6	INPUT CH6	5
7	INPUT CH7	6
8	INPUT CH8	7
9	0 V	—
10	未使用	—

3. X5 端子

X5 端子是 DeviceNet 接口,地址分配见表 3.5。

表 3.5　DSQC651 板的 X5 端子地址分配

X5 端子编号	使用定义
1	0 V BLACK
2	CAN 信号线 low BLUE
3	屏蔽线
4	CAN 信号线 high WHITE
5	24 V RED
6	GND 地址选择公共端
7	模块 ID bit0(LSB)
8	模块 ID bit1(LSB)
9	模块 ID bit2(LSB)
10	模块 ID bit3(LSB)
11	模块 ID bit4(LSB)
12	模块 ID bit5(LSB)

4. X6 端子

X6 端子接口包括 2 个模拟输出,地址分配见表 3.6。

表 3.6　DSQC651 板的 X6 端子地址分配

X6 端子编号	使用定义	地址分配
1	未使用	—
2	未使用	—
3	未使用	—
4	0 V	—
5	模拟输出 ao1	0~15
6	模拟输出 ao2	16~31

如图 3.2 所示,ABB 标准 I/O 板是挂在 Device Net 网络上的,所以要设定模块在网络中的地址。端子 X5 的 6~12 的跳线就是用来决定模块的地址的,地址可用范围为 10~63。将第 8 脚和第 10 脚的跳线剪去,2+8=10 就可以获得 DSQC651 的总线地址 10。DSQC651 标准 I/O 板总线连接参数表见 3.7。

表 3.7　DSQC651 标准 I/O 板总线连接参数

参数名称	设定值	说明
Name	d651	设定 I/O 板在系统中的名字
Type of Device	DSQC 651	设定 I/O 板的类型
DeviceNet Address	10	设定 I/O 板在总线中的地址

图 3.2　X5 端口接线图

三、标准 I/O 板 DSQC652

DSQC652 板主要提供 16 个数字输入信号和 16 个数字输出信号的处理。DSQC652 板如图 3.3 所示,包括数字信号输出指示灯、X1 和 X2 数字输出接口、X5 DeviceNet 接口、模块状态指示灯、X3 和 X4 数字输入接口、数字输入信号指示灯。

A—数字信号输出指示灯;B—X1、X2 数字输出接口;C—X5 DeviceNet 接口;
D—模块状态指示灯;E—X4、X3 数字输入接口;F—数字输入信号指示灯。

图 3.3　DSQC652 板

DSQC652 板的 X1、X2、X3、X4、X5、模块接口连接说明如下。

1. X1 端子

X1 端子接口包括 8 个数字输出,地址分配见表 3.8。

表 3.8 DSQC652 板的 X1 端子地址分配

X1 端子编号	使用定义	地址分配
1	OUTPUT CH1	0
2	OUTPUT CH2	1
3	OUTPUT CH3	2
4	OUTPUT CH4	3
5	OUTPUT CH5	4
6	OUTPUT CH6	5
7	OUTPUT CH7	6
8	OUTPUT CH8	7
9	0 V	—
10	24 V	—

2. X2 端子

X2 端子接口包括 8 个数字输出,地址分配见表 3.9。

表 3.9 DSQC652 板的 X2 端子地址分配

X2 端子编号	使用定义	地址分配
1	OUTPUT CH1	8
2	OUTPUT CH2	9
3	OUTPUT CH3	10
4	OUTPUT CH4	11
5	OUTPUT CH5	12
6	OUTPUT CH6	13
7	OUTPUT CH7	14
8	OUTPUT CH8	15
9	0 V	—
10	24 V	—

3. X3 端子

X3 端子接口包括 8 个数字输入,地址分配见表 3.10。

表 3.10 DSQC652 板的 X3 端子地址分配

X3 端子编号	使用定义	地址分配
1	INPUT CH1	0
2	INPUT CH2	1
3	INPUT CH3	2

表 3.10(续)

X3 端子编号	使用定义	地址分配
4	INPUT CH4	3
5	INPUT CH5	4
6	INPUT CH6	5
7	INPUT CH7	6
8	INPUT CH8	7
9	0 V	—
10	未使用	—

4. X4 端子

X4 端子接口包括 8 个数字输入,地址分配见表 3.11。

表 3.11　DSQC652 板的 X4 端子地址分配

X4 端子编号	使用定义	地址分配
1	INPUT CH9	8
2	INPUT CH10	9
3	INPUT CH11	10
4	INPUT CH12	11
5	INPUT CH13	12
6	INPUT CH14	13
7	INPUT CH15	14
8	INPUT CH16	15
9	0 V	—
10	未使用	—

5. X5 端子

DSQC652 标准 I/O 板是下挂在 Device Net 现场总线下的设备,通过 X5 端口与 Device Net 现场总线进行通信,端子使用定义见表 3.12。

表 3.12　DSQC652 板的 X5 端子使用定义

X5 端子编号	使用定义
1	0 V BLACK
2	CAN 信号线 low BLUE
3	屏蔽线
4	CAN 信号线 high WHITE
5	24 V RED

表 3.12(续)

X5 端子编号	使用定义
6	GND 地址选择公共端
7	模块 ID bit0(LSB)
8	模块 ID bit1(LSB)
9	模块 ID bit2(LSB)
10	模块 ID bit3(LSB)
11	模块 ID bit4(LSB)
12	模块 ID bit5(LSB)

四、工业机器人 I/O 信号的定义

1. 定义数字量输入信号 di1

数字量输入信号 di1 地址可选范围为 0~7,数字量输入信号 di1 的参数见表 3.13。

定义数字量输入信号的操作步骤

表 3.13 数字量输入信号 di1 的参数

参数名称	设定值	说明
Name	di1	设定数字输入信号的名字
Type of Signal	Digital Input	设定信号的类型
Assigned to Device	d651	设定信号所在的 I/O 模块
Device Mapping	0	设定信号所占用的地址

定义数字量输入信号 di1 的具体操作步骤见表 3.14 所示。

表 3.14 定义数字量输入信号 di1 的操作步骤

操作过程示意图	操作步骤说明
手动 bhergrjqrxcbc (PC-201212191318) 防护装置停止 已停止 (速度 100%) HotEdit — 备份与恢复 输入输出 — 校准 手动操纵 — 控制面板 自动生产窗口 — 事件日志 程序编辑器 — FlexPendant 资源管理器 程序数据 — 系统信息 注销 Default User — 重新启动 ROB_1 1/3	1. 进入主菜单,在示教器操作界面中点击"控制面板"选项,如左图所示

表 3.14(续 1)

操作过程示意图	操作步骤说明
	2. 点击"配置"选项, 如左图所示
	3. 进入配置系统参数界面后, 双击"Signal"选项, 如左图所示
	4. 点击图示中"添加"按钮, 然后进行编辑

表 3.14(续 2)

操作过程示意图	操作步骤说明
	5. 对参数进行设置。双击"Name"
	6. 输入"di1",然后点击"确定"按钮
	7. 双击"Type of Signal",选择"Digital Input"选项

表 3.14(续 3)

操作过程示意图	操作步骤说明
	8. 双击" Assigned to Device",选择"d651" 选项
	9. 双击"Device Mapping",设定信号 所占用的地址
	10. 输入"0",然后点 击"确定"按钮

表 3.14(续 4)

操作过程示意图	操作步骤说明
	11. 点击"确定"按钮,完成设定
	12. 在弹出的"重新启动"界面中,点击"是"按钮,重启控制器以完成设置

2. 定义数字量输出信号 do1

数字量输出信号 do1 地址可选范围为 32~39,定义数字量输出信号 do1 的参数见表 3.15。

定义数字量输出信号的操作步骤

表 3.15 数字量输出信号 do1 参数

参数名称	设定值	说明
Name	do1	设定数字输出信号的名字
Type of Signal	Digital Output	设定信号的类型
Assigned to Device	d651	设定信号所在的 I/O 模块
Device Mapping	32	设定信号所占用的地址

定义数字量输出信号的具体操作步骤见表 3.16。

表 3.16 定义数字量输出信号的操作步骤

操作过程示意图	操作步骤说明
	1. 进入主菜单, 在示教器操作界面中点击"控制面板"选项
	2. 点击"配置"选项
	3. 进入配置系统参数界面后, 双击"Signal"

表 3.16(续 1)

操作过程示意图	操作步骤说明
	4. 点击图示"添加"按钮,然后进行编辑
	5. 对参数进行设置,双击"Name"
	6. 输入"do1",然后点击"确定"按钮

表 3.16(续 2)

操作过程示意图	操作步骤说明
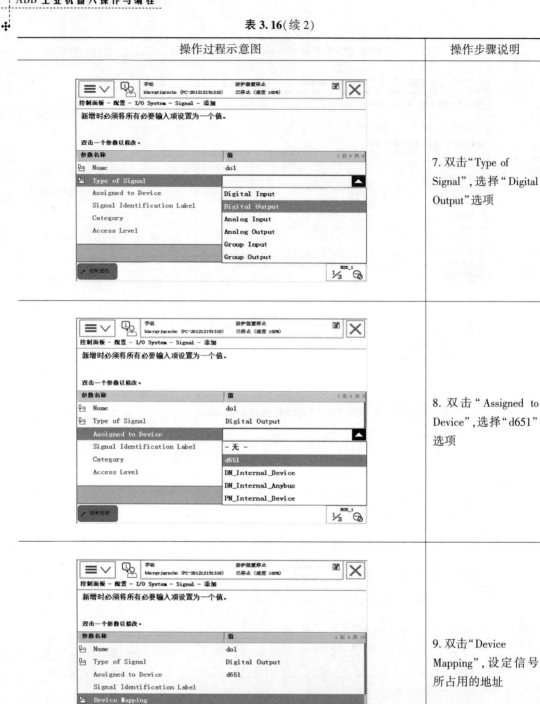	7. 双击"Type of Signal", 选择 "Digital Output"选项
	8. 双击"Assigned to Device",选择"d651"选项
	9. 双击"Device Mapping", 设定信号所占用的地址

表 3.16(续 3)

操作过程示意图	操作步骤说明
	10. 输入"32",然后点击"确定"按钮
	11. 再次点击"确定"按钮,完成设定
	12. 在弹出的"重新启动"界面中,点击"是"按钮,重启控制器以完成设置

3. 定义数字量组输入信号 gi1

组输入信号 gi1 是将几个数字输入信号组合起来使用,用于输入 BCD 编码的十进制数。gi1 占用地址 1~4 共 4 位,可以代表十进制数 0~15。组输入信号 gi1 的相关参数见表 3.17。

定义数字量组输入信号的操作步骤

表 3.17 组输入信号 gi1 的相关参数表

参数名称	设定值	说明
Name	gi1	设定组输入信号的名字
Type of Signal	Group Input	设定信号的类型
Assigned to Device	d651	设定信号所在的 I/O 模块
Device Mapping	1~4	设定信号所占用的地址

定义数字量组输入信号的具体操作步骤见表 3.18。

表 3.18 定义数字量组输入信号的具体操作过程

操作过程示意图	操作步骤说明
	1. 进入主菜单, 在示教器操作界面中点击"控制面板"选项
	2. 点击"配置"选项

表 3.18(续 1)

操作过程示意图	操作步骤说明
	3. 进入配置系统参数界面后, 双击"Signal"
	4. 点击图示"添加"按钮, 然后进行编辑
	5. 对参数进行设置, 双击"Name"

表 3.18(续 2)

操作过程示意图	操作步骤说明
	6. 输入"gi1",然后点击"确定"按钮
	7. 双击"Type of Signal",选择"Group Input"选项
	8. 双击"Assigned to Device",选择"d651"选项

表 3.18(续 3)

操作过程示意图	操作步骤说明
	9. 双 击 " Device Mapping",设定信号所占用的地址
	10.输入"1-4",然后点击"确定"按钮
	11.再次点击"确定"按钮,完成设定

表 3.18(续 4)

操作过程示意图	操作步骤说明
	12. 在弹出的"重新启动"界面中，点击"是"按钮，重启控制器以完成设置

4. 定义数字量组输出信号 go1

组输出信号，就是将几个数字输出信号组合起来使用，用于输出 BCD 编码的十进制数。go1 占用地址 33～36 共 4 位，可以代表十进制数 0～15。组输入信号 go1 的相关参数见表 3.19。

定义数字量组输出信号的操作步骤

表 3.19 组输入信号 go1 相关参数表

参数名称	设定值	说明
Name	go1	设定组输出信号的名字
Type of Signal	Group Output	设定信号的类型
Assigned to Device	d651	设定信号所在的 IO 模块
Device Mapping	33～36	设定信号所占用的地址

定义数字量组输出信号的具体操作过程见表 3.20 所示。

表 3.20　定义组输出信号的具体操作过程

操作过程示意图	操作步骤说明
	1. 进入主菜单,在示教器操作界面中点击"控制面板"选项
	2. 点击"配置"选项
	3. 进入配置系统参数界面后,双击"Signal"

表 3.20(续 1)

操作过程示意图	操作步骤说明
	4.点击图示"添加"按钮,然后进行编辑
	5.对参数进行设置。首先双击"Name"
	6.输入"go1",然后点击"确定"按钮

表 3.20(续 2)

操作过程示意图	操作步骤说明
	7. 双击"Type of Signal"，选择"Group Output"选项
	8. 双击"Assigned to Device"，选择"d651"选项
	9. 双击"Device Mapping"，设定信号所占用的地址

表 3.20(续 3)

操作过程示意图	操作步骤说明
	10. 输入"33-36",然后点击"确定"按钮
	11. 点击"确定"按钮,完成设定
	12. 在弹出的"重新启动"界面中,点击"是"按钮,重启控制器以完成设置

5. 定义模拟输出信号 ao1

在工业生产过程中,有许多连续变化的量,如温度、压力、流量和速度等都是模拟量。模拟输出信号的相关参数见表 3.21。

表 3.21　模拟输出信号 ao1 参数表

参数名称	设定值	说明
Name	ao1	设定模拟输出信号的名字
Type of Signal	Analog Output	设定信号的类型
Assigned to Device	d651	设定信号所在的 I/O 模块
Device Mapping	0~15	设定信号所占用的地址
Analog Encoding Type	Unsigned	设定模拟信号属性
Maximum Logical Value	10	设定最大逻辑值
Maximum Physical Value	10	设定最大物理值(V)
Maximum Bit Value	65 535	设定最大位置

定义模拟输出信号 ao1 的具体操作步骤见表 3.22。

表 3.22　定义模拟输出信号 ao1 的具体操作步骤

操作过程示意图	操作步骤说明
	1. 进入主菜单,在示教器操作界面中点击"控制面板"选项

表 3.22(续1)

操作过程示意图	操作步骤说明
	2. 点击"配置"选项
	3. 进入配置系统参数界面后，双击"Signal"
	4. 点击图示"添加"按钮，然后进行编辑

表 3.22(续 2)

操作过程示意图	操作步骤说明
	5. 对参数进行设置。双击"Name"
	6. 输入"ao1",然后点击"确定"按钮
	7. 双击"Type of Signal",选择"Analog Output"选项

表 3.22(续 3)

操作过程示意图	操作步骤说明
	8. 双击 "Assigned to Device",选择"d651" 选项
	9. 双击 "Device Mapping",设定信号 所占用的地址
	10.输入"0~15",然 后点击"确定"按钮

表 3. 22(续 4)

操作过程示意图	操作步骤说明
	11. 双 击 " Analog Encoding Type",然后选择"Unsigned"选项
	12. 双 击 " Maximum Logical Value",然后输入"10"
	13. 双 击 " Maximum Physical Value",然后输入"10"

表 3.22(续 5)

操作过程示意图	操作步骤说明
	14. 双击 " Maximum Bit Value",然后输入 "65535"
	15. 点击" 确定" 按钮,完成设定
	16. 在弹出的"重新启动" 界面中,点击 "是"按钮,重启控制器以完成设置

【任务实施】

一、任务实施目的

DSQC651 标准 I/O 板的配置流程

1. 了解工业机器人 I/O 通信的种类。
2. 熟知 DSQC651 标准 I/O 板的组成。
3. 掌握 DSQC651 标准 I/O 板各类信号的定义方法。
4. 能够对 DSQC651 标准 I/O 板进行配置。
5. 培养实践动手能力。
6. 深入强化 6S 管理素养。

二、设备和工具

IRB120 型 ABB 工业机器人集成多功能实训台,如图 1.10 所示。

三、任务实施内容

1. 配置 DSQC651 标准 I/O 板

对 DSQC651 标准 I/O 板进行配置,具体操作步骤见表 3.23。

表 3.23 配置 DSQC 651 标准 I/O 板的操作步骤

操作过程示意图	操作步骤说明
	1. 进入主菜单,在示教器操作界面中点击"控制面板"选项

表 3.23(续 1)

操作过程示意图	操作步骤说明
	2. 点击"配置"选项
	3. 进入配置系统参数界面后,双击 "DeviceNet Device", 进行 DSQC651 模块的选择及其地址设定
	4. 点击图示"添加"按钮,然后进行编辑

表 3.23(续 2)

操作过程示意图	操作步骤说明
	5. 在进行编辑时可以选择图示上的"使用来自模板的值",点击右上方下拉箭头图标,就能选择使用的 I/O 板类型
	6. 在模板中选择 DSQC651 I/O 板,其参数值会自动生成默认值
	7. 点击界面右下角翻页箭头,下翻界面,找到"Address"这一项

表 3.23(续 3)

操作过程示意图	操作步骤说明
	8. 双击"Address",将 Address 的值改为 10 (10 代表此模块在总线中的地址,本书所述机器人出厂默认值)。依次点击"确定"按钮,返回参数设定界面
	9. 参数设定完毕,点击"确定"
	10. 在弹出的"重新启动"界面中,点击"是"按钮,重启控制器以完成设置

2.定义各类数字量输入输出信号。

【任务考核】

考核项目	考核内容	要求及评分标准	配分	成绩
理论知识	工业机器人 I/O 通信的种类	简述 PC 通信协议有哪些	5	
		简述现场总线协议有哪些	5	
		简述机器人标准通信接口有哪些	5	
	DSQC651 标准 I/O 板	简述 DSQC651 标准 I/O 板的基本结构组成	5	
		简述配置 DSQC652 标准 I/O 板的方法及步骤	5	
实际操作评定	工业机器人 I/O 板的配置	简述 DSQC651 标准 I/O 板的配置	20	
		定义数字量输入信号	5	
		定义数字量输出信号	5	
		定义数字量组输入信号	5	
		定义数字量组输出信号	5	
		定义模拟输出信号	5	
文明生产	安全操作	符合安全操作规程	10	
	6S 标准执行	工作过程符合 6S 标准,及时清理、维护设备	10	
	团队合作	具备小组间沟通、协作能力	10	
合计			100	
开始时间:		结束时间:		

【习题思考】

1.常用的工业机器人标准 I/O 板的型号有哪些?

2.DSQC651 标准 I/O 板主要提供(　　)个数字输入信号、(　　)个数字输出信号和(　　)个模拟输出信号的处理。

3.写出 DSQC651 板标准 I/O 板的组成部分。

4.在 DSQC651 板标准 I/O 板中,各个端子的地址分别是什么?

任务 2　系统输入输出与 I/O 信号的关联

【任务目标】

1.掌握 I/O 信号的快捷键设置。

2.理解电机启动与信号关联的目的。

3.掌握系统输入电机启动与数字输入信号关联的方法。

4.掌握系统输出电机启动与数字输出信号关联的方法。

【任务引入】

在掌握工业机器人标准 I/O 板的配置与定义的基础上,能够进行 I/O 信号的快捷键设置,并能进行 I/O 信号与系统输入、输出电机启动的关联操作。

【背景知识】

一、I/O 信号的快捷键设置

示教器可编程按键分为按键 1~4,如图 3.4 所示,方框内的 4 个按键在操作时,可以为可编程按键分配需要快捷控制的 I/O 信号,以方便对 I/O 信号进行强制置位。

图 3.4　可编程按键　　　　　　　　I/O 信号的快捷键设置

在对可编程按键进行设置时,可选择不同的按键功能模式,总共有 5 种按键功能模式,分别为“切换”“设为 1”“设为 0”“按下/松开”和“脉冲”,各按键功能模式见表 3.24。

表 3.24　可编程按键功能模式

序号	按键功能模式	功能
1	切换	在此功能模式下,对所设置的按键按压时,信号将在“0”和“1”之间进行切换
2	设为 1	在此功能模式下,对所设置的按键按压时,信号将设为 1
3	设为 0	在此功能模式下,对所设置的按键按压时,信号将设为 0
4	按下/松开	在此功能模式下,对所设置的按键长按压时,信号将设为 1;松开设置的按键时,信号将设为 0
5	脉冲	在此功能模式下,对所设置的按键长按压时,输出一个脉冲

对可编程按键配置数字量信号操作流程如表 3.25 所示。

表 3.25 可编程按键配置数字量信号操作流程

操作过程示意图	操作步骤说明
	1.进入主菜单,在示教器操作界面中点击"控制面板"选项
	2.点击"配置可编程按键"选项
	3.在配置可编程按键的界面中,可以选择对按键 1~4 进行配置,配置类型有"输入""输出"和"系统"信号

表 3.25(续1)

操作过程示意图	操作步骤说明
	4.本任务中,对可编程按键1设置do1信号。do1 是输出信号,所以在"类型"下拉菜单中,选择"输出"选项
	5.在数字输出中选中"do1",再在"按下按键"下拉菜单中选择"切换",也可以根据实际需要选择对应的按键功能模式
	6.按照图示点击"确定"按钮,完成设置

表 **3.25**(续 2)

操作过程示意图	操作步骤说明
	7.配置后就可以通过可编程按键 1 在手动状态下对 do1 数字输出信号进行强制的操作,余下的可编程按键也可以参照上面步骤对其进行设置

二、系统输入电机启动与数字输入信号 di1 的关联

建立系统输入信号与 I/O 的关联,可实现对机器人系统的控制,如电机开启、程序启动等,此任务操作中将以机器人的电机控制为例进行详细叙述。建立系统输入电动机开启与数字输入信号 di1 的关联的具体操作步骤见表 3.26。

表 **3.26** 系统输入电动机开启与数字输入信号 **di1** 的关联操作

操作过程示意图	操作步骤说明
	1.进入主菜单,在示教器操作界面中点击"控制面板"选项

表 **3.26**(续 1)

操作过程示意图	操作步骤说明
	2. 点击"配置"选项
	3. 双 击 " System Input"
	4. 进入如图所示界面,点击"添加"按钮

表 3.26(续 2)

操作过程示意图	操作步骤说明
	5. 双击图示中的 "Signal Name"
	6. 选择图示中的输入信号"di1"，并点击"确定"按钮
	7. 按照图示双击 "Action"

表 3.26(续3)

操作过程示意图	操作步骤说明
	8. 选择"Motors On"选项,然后点击"确定"按钮
	9. 点击图中"确定"按钮,确认设定
	10. 点击图示界面的"是"按钮,重新启动控制器,完成系统输入电机启动与数字输入信号 di1 的连接设定

三、系统输出电机启动与数字输出信号 do1 的关联

建立系统输出信号与 I/O 的关联,可以实现对外设备的控制,如电机主轴的转动、夹具的开启等。建立系统输出电动机开启与数字输出信号 do1 的关联的具体操作步骤见表 3.27。

表 3.27　系统输出电动机开启与数字输出信号 do1 的关联操作

操作过程示意图	操作步骤说明
	1. 进入主菜单,在示教器操作界面中点击"控制面板"选项
	2. 点击"配置"选项

表 3.27(续 1)

操作过程示意图	操作步骤说明
	3. 双击图示中的 "System Output"
	4. 进入如图所示界面，点击"添加"按钮
	5. 双击图示中的 "Signal Name"

表 3.27(续 2)

操作过程示意图	操作步骤说明
	6. 选择图示中的输出信号"do1"选项,并点击"确定"按钮
	7. 双击图示中的"Status"
	8. 选择"Motor On"选项,然后点击"确定"按钮

表 3.27(续 3)

操作过程示意图	操作步骤说明
	9. 点击图中"确定"按钮,确认设定
	10. 点击图示界面的"是"按钮,重新启动控制器,完成系统输出电机启动与数字输出信号 do1 的连接设定

【任务实施】

一、任务实施目的

1. 掌握 I/O 信号的快捷键设置。
2. 了解电机启动与信号关联的目的。
3. 掌握系统输入电机启动与数字输入信号的关联操作。
4. 掌握系统输出电机启动与数字输出信号的关联操作。
5. 培养实践动手能力。
6. 深入强化 6S 管理素养。

二、设备和工具

IRB120 型 ABB 工业机器人集成多功能实训台,如图 1.10 所示。

三、任务实施内容

工业机器人 I/O 信号的关联操作。以工业机器人的电机控制为例，建立系统输入电动机开启与数字输入信号 di1 的关联，建立系统输出电动机启动与数字输出信号 do1 的关联。

系统输入与 I/O 的关联

系统输出与 I/O 的关联

【任务考核】

考核项目	考核内容	要求及评分标准	配分	成绩
理论知识	工业机器人 I/O 信号的快捷键设置	掌握快捷键的设置	15	
		掌握控制 I/O 信号时，一共有几种按键功能模式	15	
	工业机器人 I/O 信号关联操作	掌握工业机器人 I/O 信号关联操作的意义有哪些	10	
实际操作评定	工业机器人 I/O 信号的关联操作	掌握系统输入电机启动与数字输入信号的关联	20	
		掌握系统输出电机启动与数字输出信号的关联	20	
文明生产	安全操作	符合安全操作规程	5	
	6S 标准执行	工作过程符合 6S 标准，及时清理、维护设备	5	
	团队合作	具备小组间沟通、协作能力	10	
合计			100	
开始时间：		结束时间：		

【习题思考】

1. 指出工业机器人示教器上快捷键的位置。

2. 简述 I/O 信号的快捷键如何设置。

3. 简述在完成 I/O 信号的快捷键设置后，可以实现几种按键功能模式。

4. 建立系统输入信号与 I/O 的关联，可实现对机器人系统的控制，如（　　　）、（　　　）等。

【拓展知识】

工业机器人在智能制造中的应用——码垛机器人

在全国生产制造最大利益驱使下，码垛逐渐成为各个企业生产的瓶颈，为了满足不同类型产品的码垛，各大机器人制造企业抓住机遇，不断研发创新，推出更加人性化、效益化的码垛机器人。码垛机器人的出现为全球经济发展带来了巨大动力，使得整个包装物流逐

❖ 渐向"自动化、无人化"发展。鉴于码垛机器人同搬运机器人比较相似,仅从码垛机器人本体及控制器两方面介绍其最新进展。

一、操作机本体

如图 3.5 所示为瑞士 ABB 公司推出全球最快码垛机器人 IRB460。在码垛应用方面,IRB460 拥有目前各种其他机器人无法超越的码垛速度,其操作节拍可达 2190 次/时,运行速度比常规机器人提升 15%,作业覆盖范围达到 2.4 m,占地面积比一般码垛机器人节省 20%;德国 KUKA 公司推出的精细化工堆垛机器人 KR180-2 PA Arctic,如图 3.6 所示,可在-30 ℃条件下以 180 kg 的全负荷进行工作,且无防护罩和额外加热装置,创造了码垛机器在寒冷条件下的极限。

图 3.5　ABB IRB460　　　　图 3.6　KR 180-2 PA Arctic

二、控制器

机器人本体在结构上不断进行优化的同时,控制器同样也在进行着变革,以逐步适应高速扩展的生产要求。ABB 公司新出品的 IRC5 控制器,如图 3.7 所示,不仅继承了前几代控制器在运动控制、柔性、通用性、安全性、可靠性的优势,而且在模块化、用户界面、多机器人控制等方面取得了全新性突破。IRC5 控制器只通过一个接入点就可以与整个工作站的机器人通信,大幅度降低了成本,若增加机器人数量,只需额外增加一个块。在 IRC5 控制器中融合了业界控制机器人及外围设备最先进操作系统,最具特色的 Robotware OS 是目前市场上最强的操作系统。KUKA 机器人公司出品的 KRC4 控制器,如图 3.8 所示,具有高效、安全、灵活和智能化等优点,使其在机器人行业保持着较高的领导地位。KRC4 控制器将安全控制、机器人控制、运动控制、逻辑控制及工艺控制集中在一个开放高效的数据标准构架中,具有高性能、可升级和灵活性等特点。

图 3.7　IRC5 控制器

图 3.8　KRC4 控制器

项目 4　工业机器人编程基础

任务 1　认识 RAPID 编程语言与程序构架

【任务目标】

1. 熟知 RAPID 程序语言。
2. 掌握 RAPID 数据、指令和函数的定义及特点。
3. 掌握 RAPID 程序构架、组成及各部分之间的关系。
4. 掌握建立程序模块和例行程序的方法及步骤。

【任务引入】

在掌握了 RAPID 程序语言、数据、指令和函数的定义及特点的基础上,弄清楚 RAPID 程序构架、组成及各部分之间的关系,学会新建例行程序和程序模块的方法,并能利用示教器,在工业机器人上建立程序模块和例行程序。

【背景知识】

一、RAPID 语言及其数据、指令、函数

1. RAPID 语言

RAPID 语言是一种由机器人厂家针对用户示教编程所开发的机器人编程语言,其结构和风格类似于 C 语言。RAPID 程序就是把一连串的 RAPID 语言人为有序地组织起来,形成应用程序。通过执行 RAPID 程序可以实现对机器人的操作控制。RAPID 程序可以实现操纵机器人运动、控制 I/O 通信、执行逻辑计算、重复执行指令等功能。不同厂家生产的机器人编程语言会有所不同,但在实现的功能上大同小异。

2. RAPID 数据、指令和函数

RAPID 程序的基本组成元素包括数据、指令、函数。

(1) RAPID 数据

RAPID 数据是在 RAPID 语言编程环境下定义的用于存储不同类型数据信息的数据结构类型。在 RAPID 语言体系中,定义了上百种工业机器人可能运用到的数据类型,存放机器人编程需要用到的各种类型的常量和变量。同时,RAPID 语言允许用户根据这些已经定义好的数据类型,依照实际需求创建新的数据结构。

RAPID 数据按照存储类型可以分为变量(VAR)、可变量(PERS)和常量(CONTS)三大类。在对变量进行定义时,可以赋值,也可以不赋值。在程序中遇到新的赋值语句,当前值改变,但初始值不变,遇到指针重置(指针重置是指程序指针被人为地从一个例行程序移至另一个例行程序,或者 PP 移至 main)又恢复到初始值。在对可变量进行定义时,必须赋予

初始值,常量在程序中遇到新的赋值语句,当前值改变,初始值也跟着改变,初始值被反复修改(多用于生产计数)。在对常量进行定义时,必须赋予初始值。常量在程序中是一个静态值,不能赋予新值,想修改只能通过修改初始值来更改。

项目 2 中学习过的工具数据就是其中的一种。常用的程序数据的定义和用法将会在本书的 4.2 节中详细介绍。

(2) RAPID 指令和函数

RAPID 语言为了方便用户编程,封装了一些可直接调用的指令和函数,其本质都是一段 RAPID 程序。RAPID 语言的指令函数多种多样,可以实现运动控制、逻辑运算、输入输出等不同的功能。比如,运动指令可以控制机器人的运动。在后文中将详细介绍 MoveJ 和 MoveL 等一些常用的运动指令。再比如,逻辑判断指令可以对条件分支进行判断,实现机器人行为的多样化。指令程序可以带有输入变量,但无返回值。与指令不同,RAPID 语言的函数是具有返回值的程序,例如,下文将介绍的 Offs 指令就属于函数。RAPID 语言中的常见指令及函数说明详见附录。

RAPID 语言中,定义了很多保留字,它们都有特殊意义,因此不能用作 RAPID 程序中的标识符(即定义模块、程序、数据和标签的名称),保留字详见附录。此外,还有许多预定义数据类型名称、系统数据、指令和有返回值程序也不能用作标识符。

除了本书中所涉及的指令与函数外,RAPID 语言所提供的其他数据、指令和函数的应用方法和功能,可以通过查阅 RAPID 指令、函数和数据类型技术参考手册进行学习。

二、RAPID 程序构架

一台机器人的 RAPID 程序由系统模块与程序模块组成,每个模块中可以建立若干程序,如图 4.1 所示为 RAPID 程序的架构图。

图 4.1　RAPID 程序的架构图

通常情况下,系统模块多用于系统方面的控制,而只通过新建程序模块来构建机器人的执行程序。机器人一般都自带 USER 模块与 BASE 模块两个系统模块,如图 4.2 所示。机器人会根据应用用途的不同,配备相应应用的系统模块。例如,焊接机器人的系统模块如图 4.3 所示。建议不要对任何自动生成的系统模块进行修改。

在设计机器人程序时,可根据不同的用途创建不同的程序模块,如用于位置计算的程序模块、用于存储数据的程序模块等,这样便于归类管理不同用途的例行程序与数据。

图 4.2　一般机器人的系统模块

图 4.3　焊接机器人的系统模块

应该注意的是,在 RAPID 程序中,只有一个主程序 main,并且作为整个 RAPID 程序执行的起点,可存在于任意一个程序模块中。每一个程序模块一般包含程序数据、程序、指令和函数四种对象。程序主要分为 Procedure、Function 和 Trap 三大类,如图 4.4 所示。Procedure 类型的程序没有返回值;Function 类型程序有特定类型的返回值;Trap 类型的程序叫作中断例行程序,Trap 例行程序和某个特定中断连接,一旦中断条件满足,机器人将转入中断处理程序。

图 4.4　程序类型

新建程序模块及例行程序

【任务实施】

一、任务实施目的

1. 熟知 RAPID 程序语言。
2. 掌握 RAPID 数据、指令和函数的定义及特点。
3. 掌握 RAPID 程序构架、组成及各部分之间的关系。
4. 掌握建立程序模块和例行程序的方法及步骤。
5. 培养实践动手能力。
6. 深入强化 6S 管理素养。

二、设备和工具

IRB120 型 ABB 工业机器人集成多功能实训台,如图 1.10 所示。

三、任务实施内容

建立程序模块,并新建例行程序。

【任务考核】

考核项目	考核内容	要求及评分标准	配分	成绩
理论知识	RAPID 语言	简述 RAPID 语言定义及其特点	5	
		简述 RAPID 数据类型	5	
		简述 RAPID 指令及函数的定义	10	
	RAPID 程序构架	简述 RAPID 程序构架组成	10	
实际操作评定	建立程序模块	正确建立一个程序模块	20	
	新建例行程序	以自己名字首字母命名,新建例行程序	20	
文明生产	安全操作	符合安全操作规程	10	
	6S 标准执行	工作过程符合 6S 标准,及时清理、维护设备	10	
	团队合作	具备小组间沟通、协作能力	10	
合计			100	
开始时间:		结束时间:		

【习题思考】

1. RAPID 语言是一种( ),所包含的指令可以( )、( )、读取输入,还能实现决策、( )、( )与系统操作员交流等。

2. 一个程序模块一般包括( )、( )、( )和( )四种对象,但不是每个模块中都会有这四种对象。

3. 简述如何正确建立一个程序模块。

4. 简述如何新建一个例行程序。

任务 2 认知和使用程序数据

【任务目标】

1. 熟知 ABB 工业机器人程序数据及其分类方式。

2. 熟知 ABB 工业机器人程序数据的存储类型。

3. 熟悉常用数学运算指令及赋值指令。

4. 能够熟练进行常用程序数据的建立并对其进行赋值。

【任务引入】

在熟知 ABB 工业机器人程序数据分类方式及存储类型的基础上,正确识别常用的程序数据,并能利用示教器,在工业机器人上完成数值数据 num 的建立,对其进行赋值。

【背景知识】

一、程序数据基础知识

要想实现复杂的逻辑判断和流程设计,还应进行工业机器人编程调试等内容的学习。ABB 工业机器人的程序数据共有 76 个,数据中存放的是编程需要用到的各种类型的常量和变量,并可以根据实际情况进行程序数据的创建,为 ABB 工业机器人的程序编辑和设计带来无限的可能和发展。

如图 4.5 所示,单击 ABB 按钮,出现主菜单界面,点击"程序数据",就会显示全部程序数据的类型,如图 4.6 所示为"程序数据"的界面窗口。操作者可以通过示教器中的程序数据窗口查看所需要的程序数据及类型,根据需要从列表中选择一个数据类型。在新建程序数据时,如图 4.7 所示,可在其声明界面对程序数据类型的名称、范围、存储类型、任务、模块、例行程序和维数进行设定。

图 4.5　主菜单界面　　　　　　　　　图 4.6　程序数据界面

图 4.7　程序数据声明界面

1. 程序数据的存储类型

程序数据的存储类型可以分为三大类:变量 VAR、可变量 PERS 和常量 CONST,这三个数据存储类型的特点如下。

(1)变量 VAR:变量型数据在执行或停止时,会保留当前的值,不会改变。但当程序指针被移动到主程序后,变量型数据的数值会丢失。定义变量时可以赋初始值,也可以不赋予初始值。变量 VAR 赋值的举例说明见表 4.1。

表 4.1 变量 VAR 举例说明

变量数据声明举例	程序说明
	VAR num lenth:=1,表示名称为 lenth 的数值数据,初始值为 1; VAR string name:="Mike",表示名称为 name 的字符数据,初始值为 Mike; VAR bool finished:=TRUE,表示名称为 finished 的布尔量数据,初始值是 TRUE

机器人执行过程中,也可以对变量存储类型程序数据进行赋值操作,见表 4.2。

表 4.2 程序执行中对变量赋值举例说明

变量数据声明举例	程序说明
	将名称为 lenth 的数值数据赋值为 10-1; 将名称为 name 的字符数据赋值为 Mike; VAR bool finished:=TRUE,将名称为 finished 的布尔量数据赋值为 TRUE; 但是,在程序中执行变量型程序数据的赋值时,在指针复位后将恢复为初始值

(2)可变量 PERS:与变量数据不同,可变量不管程序的指针如何,都会保持最后被赋予

的值。在定义时,所有可变量必须被赋予一个相应的初始值。可变量 PERS 举例说明见表 4.3。

表 4.3 可变量 PERS 举例说明

变量数据声明举例	程序说明
	PERS num number:=1,表示名称为 number 的数值数据初始值为 1; VAR string text:="Good morning",表示名称为 text 的字符数据初始值为 Good morning

机器人执行 RAPIDC 程序过程中,也可以对可变量存储类型程序数据进行赋值操作,见表 4.4。

表 4.4 可变量存储类型程序数据赋值操作

变量数据声明举例	程序说明
见下图	对名称为 number 的数值数据赋值为 10; 对名称为 text 的字符数据赋值为 Hello

在执行表格中程序后,赋值结果会一直保持不变,与程序指针的位置无关,直到对数据重新进行了赋值,才会改变原来的值。

(3)常量 CONST:常量型数据指的是在定义时就被赋予了特定数值的数据,并不能在程序中进行改动,只能手动进行修改,否则数值一直不变。在定义时,所有常量必须被赋予一

❖ 个相应的初始值。常量 CONST 举例说明见表 4.5。存储类型为常量的程序数据,不允许在程序中进行赋值的操作。

表 4.5　常量 CONST 举例说明

变量数据声明举例	程序说明
![界面截图]	CONST num gravity: = 3.15,表示名称为 gravity 的数值数据初始值为 3.15; CONST string greating: = "OK",表示名称为 greating 的字符数据初始值为 OK

界面内容：

```
手动                电机开启
DESKTOP-455491J     己停止 (速度 100%)
T_ROB1 内的<未命名程序>/Module1
  任务与程序        模块          例行程序
1  MODULE Module1
2    CONST num gravity:=3.15;
3    CONST string greating:="OK";
4
5
6  ENDMODULE

添加指令   编辑   调试   修改位置   隐藏声明
程序数据   T_ROB1 Module1                    ROB_1
```

2. 常用的程序数据

在程序的编辑中,根据不同的数据用途,定义了不同的程序数据。在 76 个 ABB 工业机器人的程序数据中,有一些是机器人系统常用的程序数据,见表 4.6。

表 4.6　常用程序数据表

程序数据	说明
bool	布尔量
byte	整数数据 0~255
clock	计时数据
dionum	数字输入/输出信号
extjoint	外轴位置数据
intnum	中断标识符
jointtarget	关节位置数据
loaddata	负荷数据
mecunit	机械装置数据
num	数值数据
orient	姿态数据
pos	位置数据(只有 X、Y 和 Z)
pose	坐标转换
robjoint	工业机器人轴角度数据

表 4.6(续)

程序数据	说明
robtarget	工业机器人与外轴的位置数据
speeddata	工业机器人与外轴的速度数据
string	字符串
tooldata	工具数据
trapdata	中断数据
wobjdata	工件数据
zonedata	TCP 转弯半径数据

常用的程序数据类型有：bool、byte、clock、jointtarget、loaddata、num、pos、robjoint、speeddata、string、tooldata 和 wobjdata 等。数据设定参数的说明见表 4.7。

表 4.7　数据设定参数的说明

数据设定参数	说明
名称	设定数据的名称
范围	设定数据可使用的范围,分全局、本地和任务三个选择。全局表示数据可以应用在所有的模块中;本地表示定义的数据只可以应用于所在的模块中;任务则表示定义的数据只能应用于所在的任务中
储存类型	设定数据的可存储类型:变量、可变量、常量
任务	设定数据所在的任务
模块	设定数据所在的模块
例行程序	设定数据所在的例行程序
维数	设定数据的维数,数据的维数一般是指数据不相干的几种特性
初始值	设定数据的初始值,数据类型不同初始值不同, 根据需要选择合适的初始值

不同类型的常用程序数据的用法如下：

(1)bool：布尔量,用于逻辑值,bool 型数据值可以为 true 或 false。

例如：VAR bool flag1；

Flag1：=false；

(2)byte：用于符合字节范围(0~255)的整数数值,代表一个整数字节值。

例如：VAR byte data2：=177；

(3)clock：用于时间测量,功能类似秒表,用于定时;存储时间测量值,以 s 为单位,分辨率为 0.001 s,且必须为 VAR 变量。

例如：VAR clock　ourclock；

ClkReset　ourclock；

作用是重置时钟 clock。

（4）jointtarget：用于通过指令 MoveAbsJ 确定机械臂和外轴移动到的位置，规定机械臂和外轴的各单独轴位置。其中 robax axes 表示机械臂轴位置，以度为单位。extemal axes 表示外轴的位置，对于线性外轴，其位置定义为与校准位置的距离（mm）；对于旋转外轴，其位置定义为从校准位置起旋转的度数。

例如：CONTS jointtarget calib _ pos：=[[0,0,0,0,0,0],[0,9E9,9E9,9E9,9E9,9E9]];

定义机器人在 calib_ pos 的正常校准位置，以及外部轴 a 的正常校准置值 0[（°）或 mm]，未定义外轴 b 到 f。

（5）loaddata：用于描述附于机械臂机械界面（机械臂安装法兰）的负载，负载数据常常定义机械臂的有效负载或支配负载（通过定位器的指令 GripLoad 或 MechUnitLoad 来设置），即机械臂夹具所施加的负载。同时将 loaddata 作为 tooldata 的组成部分，以描述工具负载。loaddata 参数见表 4.8。

表 4.8　loaddata 参数表

序号	参数	名称	类型	单位
1	mass	负重的质量	num	kg
2	cog	有效负载的重心	pos	mm
3	aom	矩轴的姿态	orient	
4	inertia X	力矩 X 轴负载的惯性矩	num	$kg \cdot m^2$
5	inertia Y	力矩 Y 轴负载的惯性矩	num	$kg \cdot m^2$
6	inertia Z	力矩 Z 轴负载的惯性矩	num	$kg \cdot m^2$

例如：PERS Ioaddata piece1：=[8,[80,0,80],[1,0,0,0],0,0,0];

质量 8 kg，重心坐标 $X=80$，$Y=0$ 和 $Z=80$ mm，有效负载为一个点质量。

（6）num：此数据类型的值可以为整数（例如：-8）和小数（例如：3.165），也可以呈指数形式写入（例如：$2E4 = 2 \times 10^4$），该数据类型始终将 -8 388 607 与 +8 388 608 之间的整数作为准确的整数储存。小数仅为近似数字，因此不得用于等于或不等于对比。若为使用小数的除法运算，则结果也将为小数，即并非一个准确的整数。

例如：VAR num reg3;

……

Reg3：=6;

将 reg3 指定为值 6。

（7）pos：用于各位置（仅 X、Y、Z），描述 X、Y 和 Z 位置的坐标。其中 X、Y 和 Z 参数的值均为 num 数据类型。

例如：VAR　pos　pos1;

……

Pos1：={300,0,840};

Pos1 的位置为 $X = 300$ mm，$Y = 0$ mm，$Z = 840$ mm。

（8）robjoint：用于定义机械臂轴的位置，单位是度（°）。robjoint 类数据用于存储机械臂轴 1 到轴 6 的轴位置，将轴位置定义为各轴（臂）从轴校准位置沿正方向或负方向旋转的度数。

例如：rax_1：robot axis 1；

机械臂轴 1 位置距离校准位置的度数，数据类型为 num。

（9）speeddata：用于规定机械臂和外轴均开始移动时的速率。速度数据定义以下速率：工具中心点移动时的速率；工具的重新定位速度；线性或旋转外轴移动时的速率。当结合多种不同类型的移动时，其中一个速率常常限制所有运动。这时将减小其他运动的速率，以便所有运动同时停止执行。与此同时，通过机械臂性能来限制速率，将会根据机械臂类型和运动路径而有所不同。

例如：VAR speeddata vspeed：=[900,50,300,20]

定义速度数据 vspeed，对于 TCP，速率为 900 mm/s；对于工具的重新定位，速率为 50°/s；对于线性外轴，速率为 300 mm/s；对于旋转外轴，速率为 20°/s。

（10）string：用于字符串。字符串由一系列附上引号（" "）的字符（最多 80 个）组成，如"这是一个字符串"。如果字符串中包括引号，必须保留两个引号，如"本字符串包含一个""字符"。如果字符串包括反斜线，则必须保留两个反斜线符号，如"本字符串包含\\字符"。

例如：VAR string text；

……

text：="start doing work 1"；

TP Write text；

在 Flexpendant 示教器上写入文本 start doing work 1。

（11）tooldata：用于描述工具（如焊枪或夹具）的特征。此类特征包括工具中心点（TCP）的位置、方位，以及工具负载的物理特征。如果工具得以固定在空间中（固定工具），则工具数据首先定义空间中该工具的位置、方位和 TCP。随后，描述机械臂所移动夹具的负载。

例如：PERS tooldata gripper：=[TRUE,[[84.6,0,196.7],[0.9240,0.383,0]],[9,[34,0,65],[1,0,0,0],0,0,0]]；

机械臂正夹持着工具，TCP 所在点与安装法兰的直线距离为 196.7 mm，且沿腕坐标系 X 轴 84.6 mm；工具的 X' 方向和 Z' 方向相对于腕坐标系 Y 方向旋转 45°；工具质量为 9 kg；重心所在点与安装法兰的直线距离为 65 mm，且沿腕坐标系 X 轴 34 mm；可将负载视为一个点质量，即不带任何惯性矩。

（12）wobjdata：用于描述机械臂处理其内部移动的工件，如焊接。如果在定位指令中定义工件，则位置将基于工件坐标。如果使用固定工具或协调外部轴，则必须定义工件，因为路径和速率随后将与工件而非 TCP 相关。工件数据也可用于点动：可使机械臂朝工件方向点动，根据工件坐标系，显示机械臂的当前位置。

例如：PERS wobjdata wobj1：=[FALSE,TRUE," ",[[200,500,400],[1,0,0,0]],[[0,300,40],[1,0,0,0]]]；

"FALSE"代表机械臂未夹持着工件，"TRUE"代表使用固定的用户坐标系。用户坐标系不旋转，且其在大地坐标系中的原点坐标为 $X=200$ mm、$Y=500$ mm 和 $Z=400$ mm；目标

❖ 坐标系不旋转,且其在用户坐标系中的原点坐标为 $X=0$ mm、$Y=300$ mm 和 $Z=40$ mm。

例如:wobj1. oframe. trans. z:=47.5;

将工件 wobj1 的位置沿 Z 方向调整至 47.5 mm 处。

二、常用的数学运算指令

RAPID 程序指令含有丰富的功能,按照功能和用途可以对其进行分类。下面重点介绍日常编程中运用到的一些常用的数学运算指令,见表4.9。

表 4.9　数学运算指令举例

指令名称	功能	程序实例	程序说明
Clear	用于清除数值变量或永久数据对象,即将数值设置为 0	例如:Clear reg1	Reg1 得以清除,即 reg1:=0

Add	用于从数值变量或者永久数据对象增减一个数值	例如:
		Add reg1, 2;
		Add reg1, -reg2
			将 2 增加到 reg1,即 reg1:= reg1+2;
			reg2 的值得以从 reg1 中减去,即 reg1:=reg1-reg2

Incr	用于向数值变量或者永久数据对象增加 1	例如:
		VAR num no_of _parts:=0;
		…
		WHILE stop_ production=0 DO
		produce part;
		Incr no_ of parts;
		TPWrite"No of. produced parts = " \Num;
		=no_ of _parts;
		ENDWHILE
			更新 FlexPendant 示教器上各循环所产生的零件数。只要未设置输入信号 stop_ production,则继续进行生产

Decr	用于从数值变量或者永久数据对象减去 1,与 Incr 用法一样,但作用刚好相反	例如:
		VAR dnum no__ of_ parts:=0;
		….
		TPReadDnum no_ of_ parts , "How many parts should be produced?";
		WHILE no of parts>0 DO
		produce_ part;
		Decr no_ of_ parts;
		ENDWHILE
			要求操作员输入待生产零件的数量。变量 no_ of_ parts 用于统计必须继续生产的数量

三、赋值指令与程序数据的赋值方法

赋值指令":=",如图4.8所示,用于对程序中的数据进行赋值,赋值的方式可以为将一

个常量赋值给程序数据,还可以将数学表达式赋值给程序数据,方法示例如下:

例 1 常量赋值

reg1：=2。

例 2 表达式赋值

reg2：=reg1+3。

数据赋值时,变量与值数据类型必须相同。程序运行时,常量数据不允许赋值。

图 4.8 赋值指令示意图

编程时,还可以通过赋值指令,运用表达式的方法实现数学计算中像加减乘除这样的基础运算。如图 4.9 所示,选择":="后,在界面中点击"+"便可进行加减乘除表达式的编辑。

图 4.9 表达式编辑示意图

【任务实施】

定义数值数据变量并赋值

一、任务实施目的

1. 熟知 ABB 工业机器人程序数据的分类方式。

2. 熟知 ABB 工业机器人程序数据的存储类型。

3. 掌握并识别常用的程序数据。

4. 能够熟练进行常用程序数据的建立。

5. 培养实践动手能力。

6. 深入强化 6S 管理素养。

二、设备和工具

IRB120 型 ABB 工业机器人集成多功能实训台,如图 1.10 所示。

三、任务实施内容

数值数据变量 num 的定义及赋值。

【任务考核】

考核项目	考核内容	要求及评分标准	配分	成绩
理论知识	ABB 工业机器人的程序数据	简述程序数据的分类有哪些	5	
		简述程序数据的存储类型有哪些	5	
		简述变量、可变量和常量的定义及特点是什么	10	
		简述常用程序数据有哪些	5	
	程序数据建立方法	简述程序数据建立的方法和步骤	5	
实际操作评定	建立程序数据	简述定义数值数据变量 number	20	
		简述对变量 number 进行赋值	20	
文明生产	安全操作	符合安全操作规程	10	
	6S 标准执行	工作过程符合 6S 标准,及时清理、维护设备	10	
	团队合作	具备小组间沟通、协作能力	10	
合计			100	
开始时间:		结束时间:		

【习题思考】

1. 程序数据的存储类型可以分为三大类:(　　)、(　　)和(　　)。

2. 变量型数据在执行或停止时,会保留(　　),不会改变。

3. 可变量不管程序的指针如何,都会保持(　　　)。在定义时,所有可变量必须被赋予(　　　)。

4. 简述程序数据有哪几种赋值方法。

5. 简述程序数据建立的方法和步骤。

任务3　运动指令的认知与使用

【任务目标】

1. 熟知工业机器人常见运动指令的类型、特点及添加方法。

2. 掌握手动运动模式下程序调试的方法和步骤。

3. 掌握 Offs 位置偏移函数定义及用法。

4. 能利用所学运动指令示教二维图形轨迹。

【任务引入】

在熟知机器人运动指令的类型、掌握不同指令的特点及添加方法的基础上,学会手动模式下程序调试的方法,掌握 Offs 位置偏移函数定义及用法,并能够运用常用运动指令示教二维图形(图 4.10)轨迹。

【背景知识】

工业机器人在空间上的运动方式主要有绝对位置运动、关节运动、线性运动和圆弧运动四种,每一种运动方式对应一个运动指令。运动指令即通过建立示教点指示机器人按一定轨迹运动的指令。机器人末端 TCP 移动轨迹的目标点位置即为示教点。

图 4.10　二维图形实例

一、常用运动指令及用法

常用运动指令及用法说明见表 4.10。

表 4.10　常见运动指令及用法说明表

指令	指令功能说明
MoveAbsJ	将机器人移动到绝对轴位置
MoveJ	通过关节移动机器人
MoveL	使机器人做直线运动
MoveC	使机器人做圆弧运动
MoveExtJ	移动一个或者多个没有 TCP 的机械单元
MoveJDO	关节运动的同时触发一个输出信号
MoveLDO	TCP 线性运动的同时执行一个输出信号

表 4.10(续)

指令	指令功能说明
MoveCDO	圆周移动机器人,并在转角处设置数字输出
MoveJSync	通过关节运动移动机器人,并执行一个 RAPID 程序
MoveLSync	用直线的运动方式移动机器人,并执行一个 RAPID 程序
MoveCSync	用圆周的运动方式移动机器人,并执行一个 RAPID 程序

1. 绝对位置运动指令 MoveAbsJ

如图 4.11 所示,绝对位置运动指令是指示机器人使用 6 个关节轴和外轴(附加轴)的角度值进行运动和定义目标位置数据的命令。MoveAbsJ 指令常用于机器人回到机械零点的位置或 Home 点,详细解析见表 4.11。Home 点(工作原点)是一个机器人远离工件和周边机器的安全位置。当机器人在 Home 点时,会同时发出信号给其他远端控制设备如 PLC。根据此信号可以判断机器人是否在工作原点,避免因机器人动作的起始位置不安全而损坏周边设备。

图 4.11　绝对位置运动指令添加

表 4.11　MoveAbsJ 指令解析

参数	定义	操作说明
*	目标点位置数据	定义机器人 TCP 的运动目标
\NoEOffs	外轴不带偏移数据	
V1000	运动速度数据,1 000 mm/s	定义速度(单位:mm/s)
Z50	转弯区数据,转弯区的数值越大,机器人的动作越圆滑、流畅	定义转弯区的大小
Tool1	工具坐标数据	定义当前指令使用的工具坐标
Wobj1	工件坐标数据	定义当前指令使用的工件坐标

提示:在进行程序语句编写时,点击选中对应指令语句中的参数后,即可对参数进行编辑和修改。

2. 关节运动指令 MoveJ

如图 4.12 所示,关节运动指令是在对机器人路径精度要求不高的情况下,指示机器人工具中心点 TCP 从一个位置移动到另一个位置的指令。移动过程中机器人运动姿态不完全可控,但运动路径保持唯一,如图 4.13 所示。MoveJ 指令适合机器人需要大范围运动时使用,不容易在运动过程中发生关节轴进入机械奇异点的问题,该

关节运动指令的应用

指令详细解析见表4.12。机器人达到机械奇异点,将会引起自由度减少,使得关节轴无法实现某些方向的运动,还有可能导致关节轴失控。

图 4.12　关节运动指令的添加

图 4.13　关节运动路径示意图

表 4.12　MoveJ 指令解析

参数	定义	操作说明
p10,p20	目标点位置数据	定义机器人 TCP 的运动目标
V1000	运动速度数据,1 000 mm/s	定义速度(单位:mm/s)
Z50	转弯区数据,转弯区的数值越大,机器人的动作越圆滑、流畅	定义转弯区的大小
Tool1	工具坐标数据	定义当前指令使用的工具
Wobj1	工件坐标数据	定义当前指令使用的工件坐标

❖ 　　提示:运用 MoveJ 指令实现两点间的移动时,两点间
整个空间区域需确保无障碍物,以防止由于运动路径不
可预知所造成的碰撞。

直线运动指令的应用

　3. 线性运动指令 MoveL

　　如图 4.14 所示为线性运动指令编程格式,该指令是
指示机器人的 TCP 从起点到终点之间的路径始终保持为直线运动的指令。在此运动指令
下,机器人运动状态可控,运动路径保持唯一,运动路径如图 4.15 所示。一般用于对路径要
求高的场合,如焊接、涂胶等。

图 4.14　线性运动指令的添加

图 4.15　线性运动路径示意图

　4. 圆弧运动指令 MoveC

　　圆弧运动指令是指示机器人在可到达范围内定义三
个位置点,实现圆弧路径运动的命令,指令添加格式如图
4.16 所示。指令解析详见表 4.13。如图 4.17 所示,在圆
弧运动位置点中,第一点是圆弧的起点,第二点确定圆弧
的曲率,第三点是圆弧的终点。

圆弧运动指令的应用

图 4.16　圆弧运动指令的添加

表 4.13　MoveC 指令解析

参数	定义	操作说明
p10	圆弧的第一个点	定义圆弧的起点位置
p20	圆弧的第二个点	定义圆弧的曲率
p30	圆弧的第三个点	定义圆弧的终点位置
fine/z1	转弯区数据	定义转弯区的大小

提示:一个整圆的运动路径不可能仅通过一个 MoveC 指令完成。

图 4.17　圆弧运动路径示意图

二、手动运动模式下程序调试的方法

在建立好程序模块和所需的例行程序后,便可进行程序编辑。在编辑程序的过程中,需要对编辑好的程序语句进行调试,检查是否正确,调试方法包括单步和连续两种。在调试过程中,需要用到程序调试控制按钮,按钮功能见表 4.14。

表 4.14　程序调试控制按钮说明

图示	序号	名称	操作功能说明
	1	连续	按压此按钮可以连续执行程序语句,直到程序结束
	2	下一步	按压此按钮执行当前程序语句的下一条语句,按一次往下执行一句
	3	暂停	按压此按钮停止当前程序语句的执行
	4	上一步	按压此按钮执行当前程序语句的上一条语句,按一次往上执行一句

在手动运行模式下,可以通过点按程序调试控制按钮"上一步"和"下一步",进行机器人程序的单步调试。对所示教编写好的程序进行单步调试,确认无误后便可选择程序调试控制按钮"连续",对程序进行连续调试。

三、Offs 位置偏移函数的调用方法

工业机器人的示教编程中,受机器人工作环境的影响,为了避免碰撞引起故障和安全意外的出现,常常会在机器人运动过程中设置一些安全过渡点,在加工位置附近设置入刀点。如图 4.18 所示,位置偏移函数是指示机器人以目标点位置为基准,在其 X、Y、Z 方向上进行偏移的命令。Offs 指令常用于安全过渡点和入刀点的设置。Offs 参数解析见表 4.15。

图 4.18　位置偏移函数 Offs 指令

表 4.15　Offs 参数变量解析

参数	定义	操作说明
p10	目标点位置数据	定义机器人 TCP 的运动目标
0	X 方向上的偏移量	定义 X 方向上的偏移量
0	Y 方向上的偏移量	定义 Y 方向上的偏移量
100	Z 方向上的偏移量	定义 Z 方向上的偏移量

　　函数是有返回值的,即调用此函数的结果是得到某一数据类型的值,在使用时不能单独作为一行语句,需要通过赋值或者作为其他函数的变量来调用。如图 4.18 所示的语句中,Offs 函数即作为 MoveL 指令的变量来调用的。

【任务实施】

一、任务实施目的

循迹二维图形

1.熟知工业机器人常见运动指令的添加及使用方法。

2.能够在手动运动模式下调试程序。

3.用 Offs 位置偏移函数进行简单编程操作。

4.能利用所学运动指令完成二维图形轨迹的示教任务。

5.培养实践动手能力。

6.深入强化 6S 管理素养。

二、设备和工具

IRB120 型 ABB 工业机器人集成多功能实训台,如图 1.10 所示。

三、任务实施内容

运用常用运动指令示教如图 4.10 中的二维图形轨迹。

【任务考核】

考核项目	考核内容	要求及评分标准	配分	成绩
理论知识	常见运动指令	简述关节运动指令有哪些特点	5	
		简述线性运动指令的用法	5	
		简述圆弧运动指令的特点及用法	5	
	掌握手动模式下调试程序	简述手动模式下调试程序的方法和步骤	5	
	掌握位置偏移函数	简述位置偏移函数的用法	5	
实际操作评定	运用常用运动指令示教二维图形轨迹	掌握手动模式下调试程序	10	
		掌握位置偏移函数	10	
		示教三角形轨迹	10	
		示教圆形轨迹	10	
		示教长方形轨迹	10	

表(续)

考核项目	考核内容	要求及评分标准	配分	成绩
文明生产	安全操作	符合安全操作规程	10	
	6S 标准执行	工作过程符合 6S 标准,及时清理、维护设备	5	
	团队合作	具备小组间沟通、协作能力	10	
		合计	100	
	开始时间:		结束时间:	

【习题思考】

1.绝对位置运动指令是( )的命令,即 MoveAbsJ 指令,常用于机器人回到( )的位置或( )点。

2.关节运动指令是在对机器人( )要求不高的情况下,指示机器人( )从一个位置移动到另一个位置的指令。

3.圆弧运动指令是指示机器人在可到达范围内定义( ),实现( )运动的命令。

4.简述手动模式下调试程序的方法和步骤。

5.简述位置偏移函数的用法。

任务 4 常用 RAPID 指令的认知与使用

【任务目标】

1.熟知工业机器人常用逻辑判断指令的类型、特点。

2.掌握工业机器人常用逻辑判断指令的添加和使用方法。

3.掌握调用例行程序指令 ProcCall 的用法。

4.能利用所学逻辑判断指令实现正方形和圆形示教轨迹的选择。

【任务引入】

在掌握了调用例行程序指令 ProcCall、常用逻辑判断指令用法的基础上,使用已学过的条件判断指令,实现正方形与圆形示教轨迹的选择。当数据变量 A 为 0 时,机器人循迹正方形轨迹;当数据变量 A 为 1 时,机器人循迹圆形轨迹。

【背景知识】

一、常用逻辑判断指令及用法

条件逻辑判断指令用于对条件进行判断后,执行满足对应条件的相应操作,是 RAPID 程序中重要组成部分。常用的条件逻辑判断指令有 Compact IF、FOR、WHILE 和 TEST。

1."Compact IF"紧凑型条件判断指令

"Compact IF"是紧凑型条件判断指令(表 4.16),用于当一个条件满足以后,就执行一句指令。

表 4.16　Compact IF 指令编程实例

Compact IF 指令编程举例	程序说明
	该程序可以理解为： 如果 reg1 = 1，则 reg1 = reg1+2

2．"IF"条件判断指令

"IF"条件判断指令用于根据不同的条件去执行不同的指令(表 4.17)。满足 IF 条件，则执行满足该条件下的指令。

表 4.17　IF 指令编程实例

IF 指令编程举例	程序说明

PROC Routine1()
IF num1 = 1 THEN
reg1 := TRUE;
ELSEIF num1 > 1 THEN
reg1 := FALSE;
ELSE
Set do1;
ENDIF
ENDPROC
	该程序可以理解为：
	如果 num1 为 1，则 reg1 会赋值为
	TRUE；如果 num1>1，则 reg1 会赋
	值为 FALSE。除了以上两种条件
	之外，执行 do1 置位为 1。条件判
	定的条件数量可以根据实际情况
	进行增加与减少

3．"FOR"重复执行判断指令

"FOR"重复执行判断指令(表 4.18)，适用于一个或多个指令需要重复执行数次的情况。

表 4.18　FOR 重复执行指令编程实例

FOR 指令编程举例	程序说明
	该程序可以理解为： 重复执行 Routinebhcy 100 次

4．"WHILE"条件判断指令

"WHILE"条件判断指令用于在给定条件满足的情况下，一直重复执行对应的指令（表 4.19）。

表 4.19　WHILE 指令编程实例

WHILE 指令编程举例	程序说明
(见下图)	该程序可以理解为： 在 num2<num1 的条件满足的情况下，就一直执行 "num2：＝num2+1"的操作

```
31   PROC Routinewhile()
32     WHILE num2 < num1 DO
33       num2 := num2 + 1;
34     ENDWHILE
35   ENDPROC
```

5．"TESE"指令

根据表达式或数据的值，执行不同指令（表 4.20）。当有待执行不同指令时，使用 TEST 指令。

表 4.20 TESE 指令编程实例

TESE 指令编程举例	程序说明
	该程序可以理解为： 根据 num1 的值，执行不同的指令； 如果该值为 1 时，则执行 Routinefor； 如果该值为 2 时，则执行 Routinewhile； 否则，打印停止书写的警告语

二、调用例行程序指令及其他

1."ProcCall"调用例行程序指令

通过"ProcCall"指令，可以实现在指定位置调用例行程序，其操作如下所述。

（1）选择"<SMT>"为要调用例行程序的位置，并在"添加指令"列表中选择"ProcCall"，如图 4.19 所示为"ProcCall"选择过程。

图 4.19 选择 ProCall 指令

（2）如图 4.20 所示,选中要调用的例行程序,然后单击"确定"。

图 4.20　选择需要调用的例行程序

（3）如图 4.21 所示,调用例行程序完毕。

图 4.21　程序调用完毕

2. "RETURN"返回例行程序指令

如图 4.22 所示,当指令被执行时,则马上结束本例行程序指令,返回程序指针到调用此例行程序的位置。

图 4.22　程序调用成功

当 di1 = 1 时,执行"RETURN"指令,程序指针返回到调用"Routinefor"的位置并继续向下执行"Set do1"这个指令。

【任务实施】

一、任务实施目的

1. 熟知工业机器人常用逻辑判断指令的类型、特点。

2. 掌握工业机器人常用逻辑判断指令的添加和使用方法。

3. 掌握调用例行程序指令 ProcCall 的用法。

4. 能利用所学逻辑判断指令实现正方形和圆形示教轨迹的选择。

5. 培养实践动手能力。

6. 深入强化 6S 管理素养。

利用 IF 指令实现正方形和
圆形示教轨迹选择

二、设备和工具

IRB120 型 ABB 工业机器人集成多功能实训台,如图 1.10 所示。

三、任务实施内容

利用 IF、ProcCall 等指令实现正方形和圆形示教轨迹的选择。

【任务考核】

考核项目	考核内容	要求及评分标准	配分	成绩
理论知识	常用逻辑判断指令	简述 Compact IF 指令的添加及使用方法	5	
		简述 IF 指令的添加及使用方法	5	
		简述 FOR 指令的添加及使用方法	5	
		简述 WHILE 指令的添加及使用方法	5	
		简述 TEST 指令的添加及使用方法	5	
	ProcCall 指令的用法	简述 ProcCall 指令的添加及使用方法	5	
实际操作评定	逻辑判断指令的编程应用	可利用 IF 指令实现正方形和圆形示教轨迹的选择	30	
	ProcCall 指令的添加使用	可使用调用例行程序指令 ProcCall 进行程序调用	10	
文明生产	安全操作	符合安全操作规程	10	
	6S 标准执行	工作过程符合 6S 标准,及时清理、维护设备	10	
	团队合作	具备小组间沟通、协作能力	10	
合计			100	

开始时间:	结束时间:

【习题思考】

1. 条件逻辑判断指令用于对( )进行判断后,执行( )的相应操作,是 RAPID 程序中重要组成部分。常用的条件逻辑判断指令有 Compact、( )、( )、( ),以及 TEST。

2. WaitTime 是( )指令,该指令用于程序中( )一个指定的时间以后,再继续向下执行。

3. RETURN 是( )指令,当指令被执行时,则马上( )本例行程序指令,返回程序指针到( )的位置。

4. 简述 WHILE 指令的用法。

5. 简述 ProcCall 指令的用法。

任务 5 I/O 控制指令的认知与使用

【任务目标】

1. 熟知工业机器人常用 I/O 控制指令的类型、特点。

2. 掌握工业机器人常用 I/O 控制指令的添加和使用方法。

3. 掌握信号置位的方法及步骤。

4. 能利用 Set 数字信号置位指令和 Reset 数字信号置位指令进行置位。

【任务引入】

在掌握了工业机器人常用 I/O 控制指令的类型、特点及添加使用方法的基础上,使用 Set 数字信号置位指令和 Reset 数字信号置位指令对输入及输出信号进行置位。

【背景知识】

一、常用 I/O 指令

I/O 控制指令用于控制 I/O 信号,以实现机器人系统与机器人周边设备进行通信。在工业机器人中,主要是指通过对 PLC 的通信设置来实现信号的交互,例如,当打开相应开关使 PLC 输出信号,机器人系统接收到信号后做出对应的动作,以完成相应的任务。

1. Set 数字信号置位指令

Set 数字信号置位指令用于将数字输出(digital output)置位为"1",添加方法如图 4.23 所示。

2. Reset 数字信号复位指令

Reset 数字信号复位指令用于将数字输出(digital output)置位为"0",添加方法如图 4.24 所示。

如果在 Set、Reset 指令前有运动指令 MoveL、MoveJ、MoveC 或 MoveAbsJ,那么转弯区数据必须使用"fine"才可以准确地输出 I/O 信号状态的变化,否则信号会被提前触发。

3. SetAO 指令

SetAO 指令用于改变模拟信号输出信号的值。如图 4.25 所示,利用该指令将信号 ao1

设置为 4.5。

图 4.23　添加 Set 数字信号置位指令

图 4.24　添加 Reset 数字信号置位指令

图 4.25　添加 SetAO 指令

4. SetDO 指令

SetDO 指令用于改变数字信号输出信号的值,如图 4.26 所示是将信号 do1 设置为 1。

图 4.26 添加 SetDO 指令

5. SetGO 指令

SetGO 指令用于改变一组数字信号输出信号的值,如图 4.27 所示是将信号 go1 设置为 12。

图 4.27 添加 SetGO 指令

6. WaitAI

WaitAI 指令即 Wait Analog Input,WaitAI 指令用于等待,直至已设置模拟信号输入信号值,如图 4.28 所示,只有当模拟信号 ai1 输入为大于 6 的值之后,方可继续执行程序。其中 GT 即 Great Than,LT 即 Less Than。

7. WaitDI 指令

WaitDI 即 Wait Digital Input,WaitDI 指令用于等待,直至已设置数字信号输入,如图 4.29 所示,只有当已设置 di1 输入为 1 后,才能继续执行程序。

8. WaitGI 指令

WaitGI 即 Wait Group digital Input，Wait GI 指令用于等待，直至将一组数字信号输入信号设置为指定值，如图 4.30 所示，只有当 gi1 输入值为 5 后，程序才能继续执行。

图 4.28　添加 WaitAI 指令

图 4.29　添加 WaitDI 指令

图 4.30　添加 WaitGI 指令

二、I/O 指令的用法

下面举一些实例，认识一下 I/O 信号的用法，见表 4.21。

表 4.21 I/O 指令的用法

指令名称	程序实例	程序说明
Set	例如：Set do1;	将数字输出信号置位为 1
Reset	例如：Reset do1;	将数字输出信号置位为 0
SetAO	例如：Set ao2,5	将信号 ao2 设置为 4.5
SetDO	例如：SetDO dol, 1;	将信号 dol 设置为 1
SetGO	例如：SetGO gol, 10;	将信号 gol 设置为 10
WaitAI	例如：WaitAI ail, \GT,3;	仅在 ail 模拟信号输入具有大于 3 的值之后，方可继续执行程序。其中 GT 即 Greater Than, LT 即 Less Than
WaitDI	例如：WaitDI dil, 0;	仅在已设置 dil 输入 0 后，继续执行程序
WaitGI	例如：WaitGI gil, 9;	仅在 gil 输入已具有值 9 后，继续执行程序

【任务实施】

一、任务实施目的

1. 熟知工业机器人常用 I/O 控制指令的类型、特点。
2. 掌握工业机器人常用 I/O 控制指令的添加和使用方法。
3. 掌握信号置位的方法及步骤。
4. 能利用 Set 数字信号置位指令和 Reset 数字信号置位指令进行置位。
5. 培养实践动手能力。
6. 深入强化 6S 管理素养。

常见 I/O 信号指令的应用

二、设备和工具

IRB120 型 ABB 工业机器人集成多功能实训台，如图 1.10 所示。

三、任务实施内容

常见 I/O 信号指令的应用。

【任务考核】

考核项目	考核内容	要求及评分标准	配分	成绩
理论知识	常用的 I/O 控制指令	简述 Set 数字信号置位指令的功能	5	
		简述 Reset 数字信号复位指令的功能	5	
		简述 SetAO 指令的功能	5	
		简述 WaitAI 指令的功能	5	
		简述 SetGO 指令的功能	5	
	I/O 指令的用法	简述各控制指令的用法	5	
实际操作评定	数字信号置位指令的应用	可使用 set 数字信号置位指令输入及输出信号进行置位	20	
		可使用 Reset 数字信号置位指令输入及输出信号进行置位	20	
文明生产	安全操作	符合安全操作规程	10	
	6S 标准执行	工作过程符合 6S 标准,及时清理、维护设备	10	
	团队合作	具备小组间沟通、协作能力	10	
合计			100	
开始时间:		结束时间:		

【习题思考】

1. I/O 控制指令用于(　　　),以实现机器人系统与(　　　)进行通信。在工业机器人中,主要是指通过对(　　　)的通信设置来实现信号的交互。

2. Set 数字信号置位指令的功能:用于将(　　　)信号置位为"1"。

3. Reset 数字信号复位指令的功能:用于将(　　　)信号置位为"0"。

4. SetAO 指令的功能:用于改变(　　　)输出信号的值。

5. 简述 WaitAI 指令的功能是什么。

项目 5　工业机器人示教编程应用与调试

任务 1　数组的应用

【任务目标】

1. 熟知数组的定义及赋值方法。
2. 掌握 WaitTime 等待指令的添加和使用方法。
3. 掌握 RelTool 工具位置,以及姿态排异函数的用法。
4. 能利用所学指令,完成基础示教编程的应用——搬运工作任务。

【任务引入】

在掌握了数组的定义及赋值方法、WaitTime 等待指令、RelTool 工具位置及姿态排异函数的添加和使用方法的基础上,使用已学过的指令,完成基础示教编程的应用——搬运工作任务。

【背景知识】

一、数组的定义及赋值方法

在程序设计中,为了处理方便,把相同类型的若干变量按有序的形式组织起来,这些按序排列的同类数据元素的集合称为数组。

一维数组是最简单的数组,其逻辑结构是线性表。二维数组在概念上是二维的,即在两个方向上变化,不同于一维数组只有一个向量;一个二维数组也可以分解为多个一维数组。

数组中的各元素是有先后顺序的,元素用整个数组的名字和它自己所在顺序位置来表示。例如:数组 a[3][4],是一个三行四列的二维数组,见表 5.1,如 a[3][2]代表数组的第 3 行第 2 列,故 a[3][2]=9。

表 5.1　二维数组 a[3][4]元素表

	a[ ][1]	a[ ][2]	a[ ][3]	a[ ][4]
a[1][ ]	0	1	2	3
a[2][ ]	4	5	6	7
a[3][ ]	8	9	10	11

在 RAPID 语言中,数组的定义为 num 数据类型。程序调用数组时从行列数"1"开始计算。

例如：MoveL RelTool(row_get, array _ get ｛ count,1｝, array_ get ｛count,2｝,array get｛count,3｝), v30,fine, tool0;

此语句中调用数组"array_get"，当 count 值为 1 时，调用的即为"array_get"数组的第一行元数值，使得机器人运动到对应位置点。

二、Waittime 时间等待指令的用法

WaitTime 时间等待指令，用于程序中等待一个指定的时间，再往下执行程序。如图 5.1 所示，"Routinebhcy2"程序在等待 5 s 以后，才会向下执行"set do1"程序。

提示：如果在该指令之前采用 Move 指令，则必须通过停止点(fine)而非飞越点(即 Z 是有数值的点)来编程 Move 指令。否则，将不可能在电源故障后重启。

图 5.1　WaitTime 时间等待指令

三、RelTool 工具位置及姿态排异函数的用法

工具位置及姿态偏移函数 RelTool，用于将通过有效工具坐标系表达的位移和(或)旋转增加至机械臂位置。如图 5.2 所示程序用于改变位置，如图 5.3 所示，程序用于改变姿态。

图 5.2　工具位置及姿态排异函数:位置变化

图 5.3 工具位置及姿态排异函数:姿态变化

以上图示程序的解析见表 5.2,RelTool 函数的用法上与前文介绍的 Offs 函数的用法相同。RelTool 参数变量解析见表 5.3。

表 5.2 RelTool 编程应用实例解析

程序实例	程序解析
MoveL RelTool(p2,0,0,10),v1000,z50,tool0;	沿工具的 Z 方向,将机械臂移动至距 p1 达 10 mm 的一处位置
Movel RelTool (p2,0,0,0\\Rz : = 30),v100,fine, tool1;	将工具围绕其 Z 轴旋转 30°

表 5.3 RelTool 参数变量解析

参数	定义	操作说明
p1	目标点位置数据	定义机器人 TCP 的运动目标
0	X 方向上的偏移量	定义 X 方向上的偏移量
0	Y 方向上的偏移量	定义 Y 方向上的偏移量
10	Z 方向上的偏移量	定义 Z 方向上的偏移量
\Rx	绕 X 轴旋转的角度	定义 X 方向上的旋转量
\Ry	绕 Y 轴旋转的角度	定义 Y 方向上的旋转量
\Rz; = 25	绕 Z 轴旋转的角度	定义 Z 方向上的旋转量

【任务实施】

一、任务实施目的

利用数组实现搬运码垛

1. 熟知数组的定义及赋值方法。

2. 掌握 WaitTime 等待指令的添加和使用方法。

3. 掌握 RelTool 工具位置及姿态排异函数的用法。

4. 能利用所学指令,完成基础示教编程的应用——搬运工作任务。

5. 培养实践动手能力。

6. 深入强化 6S 管理素养。

二、设备和工具

IRB120 型 ABB 工业机器人集成多功能实训台,如图 1.10 所示。

三、任务实施内容

利用数组实现搬运码垛。

【任务考核】

考核项目	考核内容	要求及评分标准	配分	成绩
理论知识	重用逻辑判断指令	简述数组的定义	5	
		简述数组的赋值方法	5	
	WaitTime 等待指令	简述 WaitTime 等待指令的添加和使用方法	10	
	RelTool 函数	简述 RelTool 工具位置及姿态排异函数的用法	10	
实际操作评定	利用数组实现搬运码垛	可利用数组实现搬运码垛	40	
文明生产	安全操作	符合安全操作规程	10	
	6S 标准执行	工作过程符合 6S 标准,及时清理、维护设备	10	
	团队合作	具备小组间沟通、协作能力	10	
合计			100	
开始时间:		结束时间:		

【习题思考】

1. 在程序设计中,为了处理方便,把相同类型的若干(　　)按有序的形式组织起来,这些按序排列的(　　)的集合称为数组。

2. WaitTime 是(　　)指令,用于程序中等待一个(　　),再往下执行程序。

3. 数组中的各元素是有(　　)的,元素用整个数组的名字和它自己所在(　　)来表示。

4. 简述工具位置及姿态偏移函数 RelTool 的功能及用法。

任务2 工业机器人高级示教编程与调试

【任务目标】

1. 熟知 Function 函数功能与输入输出分析。
2. 掌握 Label 指令和 GOTO 指令的用法。
3. 掌握程序的中断和停止相关指令用法。
4. 掌握程序的自动运行和导入导出方法。
5. 能够应用以上函数或指令进行编程及程序调试。

【任务引入】

在熟知 Function 函数功能与输入输出分析基础上,掌握 Label 指令和 GOTO 指令的用法、程序的中断和停止相关指令的用法、程序的自动运行和导入导出的方法,并能对工业机器人进行示教编程及调试。编制程序实现对两个变量做比较,如果变量的正负符号相同,则执行绘制圆形程序,如果符号相反,则执行绘制三角形程序。

【背景知识】

一、Function 函数程序

1. 函数功能与输入输出分析

用户自行编写 Function 函数的方法如下所述。如图 5.4 所示为一个典型函数的结构,通过观察可以发现函数包含输入变量、输出返回值和程序语句三个要素。

例如,现在需要编写一个判断任意输入数据所处的区间范围(0~10,11~20 或 21~30)的函数。此函数实现的功能为当输入数据在 0~10 区间内时,其返回值为 1;输入数据在 11~20 区间内时,其返回值为 2;输入数据在 21~30 区间内时,其返回值为 3。以此函数的编写为例讲解分析思路。

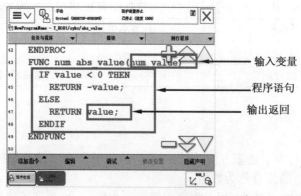

图 5.4 典型函数结构

首先,根据函数功能要求明确输入变量:输入的是一个待比较的数,再根据更详细的功能需求可以进一步确定这个数的数据类型,比如 intnum、num 是变量还是可变量等,从而设计出变量的初始值。

然后,分析实现函数功能的程序语句如何编写。函数功能要求获取输入变量所在的区间,因此要使用不等式作为判断三个区间的条件,可以选用 IF 或 TEST 指令完成判断,并在判断出所在区间之后,通过 RETURN 指令返回一个代表判断结果的值。

最后,明确返回值的要求和数据类型。对返回值的要求是:让外界识别通过判断得出的结果。在此,可以将数据在三个区间的对应返回值分别设置为 1,2,3。

这就是编写一个函数时的分析过程,在实际应用时,根据具体情况判断对函数三个要素的要求,进而完成程序设计。

2. 编写区间判断函数的方法

举例说明掌握如何编写区间函数的方法。编写一个判断任意输入数据所处的区间范围(0~10,10~20)的函数,使此函数具有以下功能:当输入数据在 0~10 区间内时,其返回值为 1;输入数据在 10~20 区间内时,其返回值为 2。具体编写步骤见表 5.4。

表 5.4　区间判断函数编写步骤

操作步骤示意图	操作过程说明
	1. 在新建 Function 函数程序时,点击图示界面中的"..."按钮设置函数参数
	2. 在图示界面中,打开"添加"菜单,点击"添加参数"命令

表 5.4(续 1)

操作步骤示意图	操作过程说明
	3. 按照图示, 在"添加函数"界面输入参数"qujian", 数据类型为"num"(参数名称可以自己设定)
	4. 数据类型选择"num", 作为函数返回值的数据类型。完成参数的定义后, 点击"确定"按钮, 就建立了一个函数程序
	5. 进入新建的"panduanchengxu"程序中, 进行函数的编写

表 5.4(续 2)

操作步骤示意图	操作过程说明
	6. 现在编写的"panduanchengxu"程序,要实现的功能为:判断任意输入数据所处的区间范围。因此需要用到逻辑判断指令。本操作任务中,采用逻辑判断指令"IF"完成程序的编写
	7. 用"IF"指令编写图示指令,完成输入数据在 0~10 区间内的判断,即当输入数据在区间内时,程序返回值为 1
	8. 选中图示界面中的"IF"指令并点击,进行 ELSEIF 的添加

表 **5.4**(续 3)

操作步骤示意图	操作过程说明
	9. 点击图示中的添加"ELSEIF"按钮,便可以添加条件分支
	10. 通过添加 ELSEIF 以及 RETURN 指令的运用,完成如图所示程序的编写,此"panduanchengxu"程序实现了输入数据"qujian"在 0~10、11~20 区间内的判断

二、程序的跳转和标签

Label 指令和 GOTO 指令的用法:

如图 5.5 所示,Label 指令用于标记程序中的指令语句,相当于一个标签。Label 指令一般作为 GOTO 指令(图 5.6)的变元与其成对使用,从而实现程序从某一位置到标签所在位置的跳转。注意 Label 指令与 GOTO 指令成对使用时,两者标签 ID 要相同。

三、程序的中断和停止

1. 程序的中断简介

在程序执行过程中,当发生需要紧急处理的情况时,需要中断当前执行的程序,跳转程序指针到对应的程序中,对紧急情况进行相应的处理。中断指的是正常程序执行过程暂停,跳过控制,进入中断例行程序的过程。中断过程中用于处理紧急情况的程序,称作中断例行程序(TRAP)。中断例行程序经常被用于出错处理、外部信号的响应等实时响应要求高的场合。

图 5.5　添加 Label 指令

图 5.6　GOTO 指令

　　完整的中断过程包括:触发中断、处理中断、结束中断。通过获取与中断例行程序关联起来的中断识别号(通过 CONNECT 指令关联),扫描与识别号关联在一起的中断触发指令来判断是否触发中断。触发中断原因可以是多种多样的,它们有可能是将输入或输出设为 1 或 0,也可能是下令在中断后按给定时间延时,也有可能是到达指定位置。在中断条件为真时,触发中断,程序指针跳转至与对应识别号关联的程序中进行相应的处理。在处理结束后,程序指针返回至被中断的地方,继续往下执行程序。

　　中断的整个实现过程是首先通过扫描中断识别号,然后扫描到与中断识别号关联起来的触发条件,判断中断触发的条件是否满足。当触发条件满足后,程序指针跳转至通过 CONNECT 指令与识别号关联起来的中断例行程序中。

　　2.常用的中断相关指令

　　(1)CONNECT 指令

　　如图 5.7 所示,CONNECT 指令是实现中断识别号与中断例行程序连接的指令。实现中断首先需要创建数据类型为 intnum 的变量作为中断的识别号,识别号代表某一种中断类型或事件,然后通过 CONNECT 指令将识别号与处理此识别号中断的中断例行程序关联。

图 5.7　CONNECT 指令

例如：

VAR intnum feeder_wrong；

TRAP correct_feeder；

...

PROC main（ ）

CONNECT feeder_ wrong WITH correct_ feeder；

将中断识别号"feeder _ wrong"与"correct _ feeder"中断程序关联起来。

（2）中断触发指令

由于触发程序中断的事件是多种多样的，它们有可能是将输入或输出设为 1 或 0，也可能是下令在中断后按给定时间延时，还有可能是机器人运动到达指定位置，因此在 RAPID 程序中包含多种中断触发指令。中断触发指令解析见表 5.5，可以满足不同中断触发需求。以 ISignalDI 为例说明中断触发指令的用法，其他指令的具体使用方法，可以查阅 RAPID 指令函数和数据类型技术参考手册。

表 5.5　程序中断解析表

指令	说明
ISignalDI	中断数字信号输入信号
ISignalDO	中断数字信号输出信号
ISignalGI	中断一组数字信号输入信号
ISignalGO	中断一组数字信号输出信号
ISignalAI	中断模拟信号输入信号
ISignalAO	中断模拟信号输出信号
ITimer	定时中断
TriggInt	固定位置中断[运动(Motion)拾取列表]
IPers	变更永久数据对象时中断
IError	出现错误时下达中断指令并启用中断
IRMQMessage	RAPID 语言消息队列收到指定数据类型时中断

举例说明：

VAR intnum feeder_ wrong；

TRAP correct_feeder；

…

PROC main( )

CONNECT feeder_ wrong WITH correct_ feeder；

ISignalDI di2，1，feeder_ wrong；

将输入 di2 设置为 1 时，产生中断。此时，调用 correct_ feeder 中断程序。

（3）控制中断是否生效的指令

有一些指令可以用来控制中断是否生效，详见表 5.6。这里以 Idisable 和 IEnable 为例说明，只要是从 1 到 50 进行计数的时候，不允许任何中断，完毕后启用所有中断，如图 5.8 所示。其他指令的具体使用方法，可以查阅 RAPID 指令函数和数据类型技术参考手册。

图 5.8　Idisable 和 IEnable 指令举例说明

表 5.6　控制中断是否生效指令表

指令	说明
IDelete	取消（删除）中断
ISleep	使个别中断失效
IWatch	使个别中断生效
IDisable	禁用所有中断
IEnable	启用所有中断

3. 程序停止指令

为了处理突发事件，中断例行程序的功能有时会设置为让机器人程序停止运行。下面对程序停止指令及简单用法进行介绍。

（1）EXIT 指令

EXIT 指令用于终止程序执行，随后仅可从主程序第一个指令重启程序。当出现致命错

❖ 误或永久地停止程序执行时,应当使用 EXIT 指令。如图 5.9 所示为 EXIT 指令的编程举例,对比后面的 Stop 指令则是用于临时停止程序执行。在执行指令 EXIT 后,程序指针消失,且无法从程序中的该位置继续往下执行。为继续程序执行,必须重新设置程序指针。

图 5.9 EXIT 指令举例说明

（2）Break 指令

出于调试 RAPID 程序代码的目的,将 Break 指令用于立即中断程序执行。如机械臂立即停止运动;为排除故障,临时终止程序执行过程。

如图 5.10 所示为 Break 指令举例说明,机器人在往 p1 点运动过程中,Break 指令就绪时,机器人立即停止动作。如想继续往下执行机器人运动至 p2 点的指令,不需要再次设置程序指针。

图 5.10 Break 指令举例说明

（3）Stop 指令

Stop 指令用于停止程序执行。在 Stop 指令就绪之前,将完成当前执行的所有移动。如图 5.11 所示为 Stop 指令举例说明,机器人在往 p1 点运动的过程中,Stop 指令就绪时,机器

人仍将继续完成到 p1 点的动作。如想继续往下执行机器人运动至 p2 点的指令,不需要再
次设置程序指针。

图 5.11　Stop 指令举例说明

四、程序的自动运行及导入导出

1. 程序的自动运行

机器人系统的 RAPID 程序编写完成,对程序进行调试满足生产加工要求后,可以选择
将运行模式从手动模式切换到自动运行模式下自动运行程序。自动运行程序前,确认程序
正确性的同时,还要确认工作环境的安全性。当两者达到标准要求后,方可自动运行程序。

RAPID 程序自动运行的优势:调试好的程序自动运行,可以有效地解放劳动力,因为手
动模式下使能器是需要一直处于第一挡,程序才可以运行;另一方面,自动运行程序还可以
有效地避免安全事故的发生,这主要是因为自动运行下工业机器人处于安全防护栏中,操
作人员均位于安全保护范围内。

2. 程序的导入导出

工业机器人编程除了在示教器上进行点位示教编程之外,还可以在虚拟仿真软件上使
用 RAPID 语言进行编程。用仿真软件编好的程序,进行虚拟仿真测试后,便可导入机器人
示教器中进行简单调试后使用。

程序在完成调试并且在自动运行确认符合实际要求后,便可对程序模块进行保存,程
序模块根据实际需要可以保存在机器人的硬盘或 U 盘上。

【任务实施】

一、任务实施目的

1. 掌握 Label 指令的用法。

2. 掌握 GOTO 指令的用法。

3. 能够应用以上函数或指令进行编程及程序调试。

4. 培养实践动手能力。

工业机器人编写跳转程序

5. 深入强化 6S 管理素养。

二、设备和工具

IRB120 型 ABB 工业机器人集成多功能实训台,如图 1.10 所示。

三、任务实施内容

编写跳转函数程序。

【任务考核】

考核项目	考核内容	要求及评分标准	配分	成绩
理论知识	Function 函数	简述 Function 函数三要素是什么	5	
		简述编写函数的分析过程	5	
	程序跳转、中断	简述 Label 指令与 GOTO 指令的用法	5	
		简述完整的中断过程包括什么	5	
	程序自动运行	简述程序自动运行前需要哪些准备工作	10	
实际操作评定	编写跳转函数程序	可对工业机器人进行示教编程及调试,程序实现对两个变量做比较;如果变量的正负符号相同则执行绘制圆形程序;如果符号相反则执行绘制三角形程序	50	
文明生产	安全操作	符合安全操作规程	10	
	6S 标准执行	工作过程符合 6S 标准,及时清理、维护设备	5	
	团队合作	具备小组间沟通、协作能力	5	
合计			100	
开始时间:		结束时间:		

【习题思考】

1. Function 函数三要素包括(　　)、(　　)和(　　)。

2. Label 指令用于(　　),相当于一个标签,一般作为(　　)指令的变元与其成对使用,从而实现程序从某一位置到(　　)的跳转。

3. 为处理突发事件,(　　)程序的功能有时会设置为让机器人程序(　　)。

4. 简述中断触发指令的功能。

5. 简述什么是中断例行程序。

【拓展知识】

工业机器人在智能制造中的应用——焊接机器人

焊接机器人技术是机器人技术、焊接技术和系统工程技术的融合,焊接机器人能否在实际生产中得到应用,发挥其优越性,取决于人们对上述技术的融合程度。经过几十年的努力,焊接机器人技术取得了长足进步,下面将从机器人系统、焊接电源、传感技术三方面介绍焊接机器人技术的新进展。

一、机器人系统

现在全球经济发展进入"中速"阶段,整个制造业的发展模式正由速度效益转变为质量效益。在此大背景下,焊接机器人公司如何针对细分客户进行量身定制的产品研发和创新,成为各行各业新的研究课题。

1. 操作机

日本 FANUC 机器人公司于 2012 年推出针对狭小空间作业的 FANUC R-OiA 机器人,如图 5.12 所示。在弧焊应用方面,FANUC R-OiA 拥有无可比拟的优越性能:

(1)通过优化成功地设计了轻量和紧凑的机器人手臂,在保持原有可靠性的同时,实现了优异的性价比。

(2)采用最先进的伺服技术,提高机器人的动作速度和精确度,最大限度减少操作员的干预,提高了弧焊系统的工作效率。

(3)FANUC R-OiA 与林肯新型弧焊电源之间实现了数字通信,能够进行机器人和焊接电源的高速协调控制,从而实现高品质焊接。

(4)提供薄板软钢低飞溅、高品质脉冲焊接等多种焊接方法,几乎可以用于所有应用,有效地提升了焊接能力。

2. 控制器

机器人单机操作很难满足复杂焊道或大型构件的焊接需求。为此,国外一些著名的机器人公司推出的机器人控制器都可实现同时对几台机器人和几个外部轴的协同控制,从而实现几台机器人共同焊接同一工件,如图 5.13 所示。或者实现搬运机器人与焊接机器人协同工作。例如,YASKAWA 公司推出的机器人控制柜可以协调控制多达 72 个轴。

图 5.12   FANUC R-OiA 弧焊机器人

图 5.13   多机协同工作模式

二、焊接电源

焊接作为工业生产的重要环节,效率的提高对总的生产率的提高有着举足轻重的作用。对于如何改善焊接质量和提高焊接生产效率方面,学者们做了大量研究,主要包括两个方面:一个是以提高焊接材料的熔化速度为目的的高熔敷效率焊接,主要用于厚板焊接;

❖另一个是以提高焊接速度为目的的高速焊接,主要用于薄板焊接。

1. 双丝焊接技术

双丝焊接是近几年发展起来的一种高速高效焊接方法,如图 5.14 所示,在实际焊接薄板时可显著提高焊接速度(达到 3~6 m/min),焊接厚板时可提高熔敷效率。除了高速高效外,双丝焊接还能在熔敷效率增加时保持较低的热输入,热影响区小,焊接变形小,焊接气孔率低。由于焊接速度非常高,特别适合采用机器人焊接,因此机器人的应用也推动了这一先进焊接技术的发展。目前双丝焊接主要有两种方法:Twin arc 法和 Tandem 法。两种方法焊接设备的基本组成类似,都是由 2 个焊接电源、2 个送丝机和 1 个共用的送双丝的电缆。Twin arc 法的主要生产厂家有德国的 SKS 公司、Benzel 公司和 Nimark 公司,美国的 Miller 公司。Tandem 法的主要生产厂家有德国的 CLOOS 公司、奥地利的 Fronius 公司和美国的 Lincoln 公司。

图 5.14　Fronius 机器人双丝焊系统

2. 激光/电弧复合热源技术

激光/电弧复合热源焊接技术是激光焊与气体保护焊的联合,如激光/TIG、激光/MIG、激光/MAG 等,如图 5.15 所示。两种焊接热源同时作用于一个焊接熔池。该技术最早出现在 20 世纪 70 年代末,但由于激光器的昂贵价格,限制了其在工业中的应用。随着激光器和电弧焊设备性能的提高,以及激光器价格的不断降低,同时为了满足生产的迫切需求,激光/电弧复合热源焊接技术得到了越来越多的应用。该技术之所以受到青睐,也是由于其兼顾各热源之长补各自之短,具有"1+1>2"或更多的"协同效应"。与激光焊接相比,该技术对装配间隙的要求降低,进而降低了焊前工件制备成本;另外,由于使用填充焊丝,消除了激光焊接时存在的固有缺陷,焊缝更加致密。与电弧焊相比,该技术提高了电弧的稳定性和功率密度,提高了焊接速度和焊缝熔深,热影响区变小,降低了工件的变形,消除了起弧时的熔化不良缺陷。

图 5.15　激光/电弧复合热源焊接

3. 电源融合技术

在标准的弧焊机器人系统中,机器人和焊接电源是两种不同类型的产品,它们之间通过模拟或数字接口进行通信,数据交换量有限。为满足用户对低综合成本、高生产率、高可维护性、高焊接品质的要求,并打破焊接电源和机器人两者间的壁垒,目前业界已推出电源融合型弧焊专用机器人,如图 5.16 所示的 TAWERS 机器人就是其中一例。它集中了各种优秀的焊接功能于一身,并不断进化发展衍生出许多优秀的焊接工法,是弧焊机器人发展史上里程碑式产品。该型弧焊机器人本体部分采用高速、高刚性的 TA 系列(焊枪电缆外置式)控制装置,与标准电源分离型不同,在机器人控制器下部内置了焊接电源单元,进行波形控制的"大脑"——焊接控制板安装在机器人控制柜中。在电源单元中搭建了目前该级别世界上速度最快的 100 kHz 超高速逆变单元,即便在脉冲模式下,它的功率也能达到 350 A 和 60% 的负载率,而电源单元的尺寸却比以往的全数字电源缩小 1/3。作为焊机制造厂家开发的专用机器人,TAWERS 实现了机器人与高性能电源的完美结合,采用全软件高速波形控制技术,可控制焊接热输入,实现焊接飞溅极小化,适于高速焊接。

图 5.16　TAWERS 电源融合型弧焊机器人

三、传感技术

工程机械行业作为焊接机器人广泛应用领域之一,其产品(挖掘机、装载机、起重机,路面机械等)的结构件大量应用于中厚钢板。在中厚板的大型结构件焊接中,很难保证焊接夹具上的工件定位十分精准;而且,焊接时的热量经常会使结构件发生变形,这些都是焊接线位置发生偏移的原因。所以,焊接大型结构件时,检测并计算偏移量、进行位置纠正的功能必不可少。此外,中厚板焊接一般需要开坡口,由于前期坡口的加工精度、工件组对、焊接过程导致变形等原因,实际焊缝坡口的宽度并不一致,也会产生错边等缺陷。这些问题在焊前示教编程时不易解决。根据焊接机器人系统的使用效率,用户在实际生产中也不可能接受对同样规格的每个工件逐一焊前示教编程,以修正上述焊接线偏离及坡口宽度的变化。智能化传感技术(接触传感、电弧传感和光学传感)的应用是解决上述问题的有效途径。

1. 接触传感

就机器人焊接作业而言,焊接机器人的运动轨迹控制主要指初始焊位导引与焊缝跟踪控制技术。其中,焊接机器人的初始焊位导引可采用接触传感功能。接触传感的原理如图5.17 所示。机器人将加载有传感电压的焊丝移向工件,当焊丝和工件接触时,焊丝与工件之间的电位差变为0 V。将电位差为 0 V 的位置记忆成工件位置,反映在程序点上。焊丝接触传感具有位置纠正的三方向传感、开始点传感、焊接长度传感、圆弧传感等功能,并可以纠正偏移量,在日本 KOBELCO 焊接机器人系统中得到广泛应用。

2. 电弧传感

电弧传感跟踪控制技术是通过检测焊接过程中电弧电压、电弧电流、弧光辐射和电弧声等电弧现象本身的信号,提供有关电弧轴线是否偏离焊接对缝的信息,进行实时控制。KOBELCO 焊接机器人的电弧传感功能广泛应用于工程实际。焊枪在焊缝坡口内进行摆动(往返动作)时,导电嘴与母材之间的距离(焊丝干伸长度)会发生变化。焊丝干伸长度越长,焊接电流越小,反之则电流越大。电弧传感不需要在焊枪上安装特殊设备,在焊接过程中即可检测出焊枪的位置偏移程度并及时纠正,这是非常实用的先进传感技术,在KOBELCO 焊接机器人系统中得到广泛应用。

图 5.17　接触传感原理

3. 光学传感

光学传感器可分为点、线、面三种形式。它以可见光、激光或者红外线为光源,以光电元件为接受单元,利用光电元件提取反射的结构光,得到焊枪位置信息。常见光学传感器包括红外光传感器、光电一极管和光电晶体管、CCD(电荷耦合器件)、PSD(激光测距传感器)和SSPD(自扫描光电一级管阵列)等。随着计算机视觉技术的发展,焊缝跟踪引入了视觉传感技术。与其他传感器相比,视觉传感器具有提供信息量丰富,灵敏度测量精度高,抗电磁场干扰能力强,与工件无接触等优点,适合各种坡口形状,可以同时进行焊缝跟踪控制和焊接质量控制。而随着计算机技术和图像处理技术的不断发展,它又容易满足实时性,因而视觉传感是一种很有前途的传感方法。SERVO ROBOT 公司及 META 公司都开发了各自的基于激光传感器的焊缝跟踪系统,如图5.18所示。

图 5.18　激光视觉传感器

参 考 文 献

［1］田贵福,林燕文.工业机器人现场编程(ABB)[M].北京:机械工业出版社,2017.

［2］叶晖,管小清.工业机器人实操与应用技巧[M].北京:机械工业出版社,2010.

［3］兰虎.工业机器人技术及应用[M].北京:机械工业出版社,2014.

［4］张春芝,钟柱培,许妍妩.工业机器人操作与编程[M]:北京:高等教育出版社,2018.

［5］吴海波,刘海龙.工业机器人现场编程(ABB)[M].北京:高等教育出版社,2017.

附　录　A

本书以 ABB 工业机器人为例讲解工业机器人操作与编程。该工业机器人提供了丰富的 RAPID 程序指令,方便了用户对程序的控制,同时也为复杂应用的实现提供了可能。下面按照 RAPID 程序指令、功能及用途进行分类,并对每个指令的功能予以说明。

一、程序执行的控制

1. 程序的调用指令(表 A.1)

表 A.1　程序的调用指令

指令	说明
ProcCall	调用例行程序
callByVar	通过变量的例行程序名称调用例行程序
RETURN	返回原例行程序

2. 逻辑控制指令(表 A.2)

表 A.2　逻辑控制指令

指令	说明
Compact IF	如果条件满足,执行下一条指令
IF	当满足不同的条件时,执行对应的程序
FOR	根据指定的次数,重复执行对应的程序
WHILE	如果条件满足,重复执行对应的程序
TEST	对一个变量进行判断,从而执行不同的程序
GOTO	跳转到例行程序内标签的位置
lable	跳转标签

3. 停止程序指令(表 A.3)

表 A.3　停止程序指令

指令	说明
Stop	停止程序执行
EXIT	停止程序执行并禁止在停止处再开始
Break	临时停止程序的执行,用于手动调试

表 A.3(续)

指令	说明
SystemStopAction	停止程序执行与机器人运动
ExitCycle	中止当前程序的运行并将程序指针 PP 复位到主程序的第一条指令。如果选择了程序连续运行模式,程序将从主程序的第一句重新执行

二、变量指令

变量指令主要用于对数据进行赋值指令、等待指令、注释指令及程序模块控制指令方面。

1. 赋值指令(表 A.4)

表 A.4 赋值指令

指令	说明
:=	对程序数据进行赋值

2. 等待指令(表 A.5)

表 A.5 等待指令

指令	说明
WaitTime	等待一个指定的时间,程序再往下执行
WaitUntil	等待一个条件满足后,程序继续往下执行
WaitDI	等待一个输入信号状态为设定值
WaitDO	等待一个输出信号状态为设定值

3. 注释指令(表 A.6)

表 A.6 注释指令

指令	说明
comment	对程序进行注释

4. 程序模块加载指令(表 A.7)

表 A.7 程序模块加载指令

指令	说明
Load	从机器人硬盘加载一个程序模块到运行内存中
UnLoad	从运行内存卸载一个程序模块

表 A. 7（续）

指令	说明
Start Load	在程序执行的过程中，加载一个程序模块到运行内存中
Wait Load	当 Start Load 使用后，使用此指令将程序模块连接到任务中使用
CancelLoad	取消加载程序模块
CheckProgRef	检查程序引用
Save	保存程序模块
EraseModule	从运行内存删除程序模块

5. 变量功能指令（表 A. 8）

表 A. 8 变量功能指令

指令	说明
TryInt	判断数据是否为有效的整数
OpMode	读取当前机器人的操作模式
RunMode	读取当前机器人程序的运行模式
NonMotionMode	读取程序任务当前是否为无运动的执行模式
Dim	获取一个数组的维数
Present	读取带参数例行程序的可选参数值
IsPers	判断一个参数是不是可变量
IsVar	判断一个参数是不是变量

6. 转换功能指令（表 A. 9）

表 A. 9 转换功能指令

指令	说明
Str ToByte	将字符串转换指定格式的字节数据
Byte ToStr	将字节数据转换成字符串

三、运动设定

1. 速度设定功能指令（表 A. 10）和速度设定指令（表 A. 11）

表 A. 10 速度设定功能指令

指令	说明
MaxRobSpeed	获取当前型号机器人可实现的最大 TCP 速度

表 A. 11　速度设定指令

指令	说明
VelSet	设定最大的速度与倍率
SpeedRefresh	更新当前运动的速度倍率
AccSet	定义机器人的加速度
WorldAccLim	设定大地坐标中工具与载荷的加速度
PathAccLim	设定运动路径中 TCP 的加速度

2. 轴配置管理指令(表 A. 12)

表 A. 12　轴配置管理指令

指令	说明
ConfJ	关节运动的轴配置控制
ConfL	线性运动的轴配置控制

3. 奇异点的管理指令(表 A. 13)

表 A. 13　奇异点的管理指令

指令	说明
SingArea	设定机器人运动时,在奇异点的插补方式

4. 位置偏移指令(表 A. 14)和位置偏移功能指令(表 A. 15)

表 A. 14　位置偏移指令

指令	说明
PDispOn	激活位置偏置
PDispSet	激活指定数值的位置偏置
PDispOff	关闭位置偏置
EOffsOn	激活外轴偏置
EOffsSet	激活指定数值的外轴偏置
EOffsOff	关闭外轴位置偏置

表 A. 15　位置偏移功能指令

指令	说明
DefDFrame	通过三个位置数据计算出位置的偏置
DefFrame	通过六个位置数据计算出位置的偏置
ORobT	从一个位置数据删除位置偏置
DefAccFrame	从原始位置和替换位置定义一个框架

5. 软伺服功能指令（表 A. 16）

表 A. 16　软伺服功能指令

指令	说明
SoftAct	激活一个或多个轴的软伺服功能
SoftDeact	关闭软伺服功能

6. 机器人参数调整指令（表 A. 17）

表 A. 17　机器人参数调整指令

指令	说明
TuneServo	伺服调整
TuneReset	伺服调整复位
PathResol	几何路径精度调整
CirPathMode	在圆弧插补运动时，工具姿态的变换方式

7. 空间监控管理指令（表 A. 18）

表 A. 18　空间监控管理指令

指令	说明
WZBoxDef	定义一个方形的监控空间
WZCylDef	定义一个圆柱形的监控空间
WZSphDef	定义一个球形的监控空间
WZHomeJointDef	定义一个关节轴坐标的监控空间
WZLimJointDef	定义一个限定为不可进入的关节轴坐标监控空间
WZLimSup	激活一个监控空间并限定为不可进入
WZDOSet	激活一个监控空间并与一个输出信号关联
WZEnable	激活一个临时的监控空间
WZFree	关闭一个临时的监控空间

四、运动控制

1. 机器人运动指令（表 A. 19）

表 A. 19　机器人运动指令

指令	说明
MoveC	TCP 圆弧指令
MoveJ	关节运动

表 A. 19(续)

指令	说明
MoveL	TCP 线性运动
MovcAbsJ	轴绝对角度位置运动
MoveExtJ	外部直线轴和旋转轴运动
MoveCDO	TCP 圆弧运动的同时触发一个输出信号
MoveJDO	关节运动的同时触发一个输出信号
MoveLDO	TCP 圆弧运动的同时执行一个输出信号
MoveCSync	TCP 圆弧运动的同时执行一个列行程序
MoveJSync	关节运动的同时执行一个列行程序
MoveLSync	TCP 线性运动的同时执行一个列行程序

2. 搜索指令(表 A. 20)

表 A. 20　搜索指令

指令	说明
SearchC	TCP 圆弧搜索运动
SearchL	TCP 线性搜索运动
SearchExtJ	外轴搜索运动

3. 指定位置触发信号与中断指令(表 A. 21)

表 A. 21　指定位置触发信号与中断指令

指令	说明
TriggIO	定义触发条件在一个指令的位置触发输出信号
TriggInt	定义触发条件在一个指令的位置触发中断程序
TriggCheckIO	定义一个指定的位置进行 I/O 状态的检查
TriggEquip	定义触发条件在一个指定的位置触发输出信号，并对信号响应的延迟进行补偿设定
TriggRampAO	定义触发条件在一个指定的位置触发模拟输出信号，并对信号响应的延迟进行补偿设定
TriggC	带触发事件的圆弧运动
TriggJ	带触发事件的关节运动
TriggL	带触发事件的线性运动
TriggLIOs	在一个指定的位置触发输出信号的线性运动
StepBwdPath	在 RESTART 的事件程序中进行路径的返回

表 A. 21(续)

指令	说明
TriggStopProc	在系统中创建一个监控处理，用于在 STOP 和 QSTOP 中需要的信号复位和程序数据的复位的操作
TriggSpeed	定义模拟输出信号与实际 TCP 速度之间的配合

4. 出错或中断时的运动控制指令（表 A. 22 和表 A. 23）

表 A. 22   出错或中断的运动控制指令

指令	说明
StopMove	停止机器人运动
StartMove	重新启动机器人运动
StartMoveRetry	重新启动对机器人运动及相关的参数设定
StopMoveReset	对停止运动状态复位，但不重新启动机器人运动
Storepath	存储已生成的最近路径
Restopath	重新生成之前存储的路径
ClearPath	在当前的运动路径级别中，清空整个运动路径
PathLevel	获得当前路径级别
SyncMovesuspend	在 Storepath 的路径级别中暂停同步坐标的运动
SyncMoveResume	在 Storepath 的路径级别中重返同步坐标的运动

表 A. 23   运动控制功能指令

指令	说明
IsStopMoveAct	获取当前停止运动标识符

5. 外轴的控制指令和外轴控制功能指令（表 A. 24 和表 A. 25）

表 A. 24   外轴的控制指令

指令	说明
DeactUnit	关闭一个外轴单元
ActUnit	激活一个外轴单元
MechUnitLoad	定义外轴单元的有效载荷

表 A. 25   外轴控制功能指令

指令	说明
GetNestMechUnit	检查外轴单元在机器人系统中的名字
IsStopMoveAct	检查一个外轴单元状态是关闭/激活

6. 独立轴控制指令和独立轴控制功能指令（表 A. 26 和表 A. 27）

表 A. 26 独立轴控制指令

指令	说明
IndAMove	将一个轴设定为独立轴模式并进行绝对位置方式运动
IndCMove	将一个轴设定为独立轴模式并进行连续方式运动
IndDMove	将一个轴设定为独立轴模式并进行角度方式运动
IndRMove	将一个轴设定为独立轴模式并进行相对位置方式运动
IndReset	取消独立轴模式

表 A. 27 独立轴控制功能指令

指令	说明
IndInpos	检查独立轴是否已达到指定位置
IndSpeed	检查独立轴是否已达到指定的速度

7. 路径修正指令和路径修正功能指令（表 A. 28 和表 A. 29）

表 A. 28 路径修正指令

指令	说明
CorrCon	连接一个路径修正生成器
CorrWrite	将路径坐标系统中的修正值写到修正生成器
CorrDiscon	断开一个已连接的路径修正生成器
CorrClear	取消所有已连接的路径修正生成器

表 A. 29 路径修正功能指令

指令	说明
CorrRead	读取所有已连接的路径修正生成器的总修正值

8. 路径记录指令和路径记录功能指令（表 A. 30 和表 A. 31）

表 A. 30 路径记录指令

指令	说明
PathRecStart	开始记录机器人的路径
PathRecStop	停止记录机器人的路径
PathRecMoveBwd	机器人根据记录的路径做后退运动
PathRecMoveFwd	机器人运动到执行 PathRecMoveBwd 这个指令的位置上

表 A.31　路径记录功能指令

指令	说明
PathRecValidBwd	检查是否已激活路径记录和是否有可后退的路径
PathRecValidwd	检查是否已激活路径记录路径

9. 输出链跟踪功能指令(表 A.32)

表 A.32　输出链跟踪功能指令

指令	说明
WaitWObj	等待输出链上的工件坐标
DropWObj	放弃输出链上的工件坐标

10. 传感器同步功能指令(表 A.33)

表 33　传感器同步功能指令

指令	说明
WaitSensor	将一个在开始窗口的对象与传感器设备关联起来
SyncToSensor	开始/停止机器人与传感器设备的运动同步
DropSensor	断开当前对象的连接

注:表中功能的实现需选项" Sensor synchronization"的配合。

11. 有效载荷与碰撞检测指令(表 A.34)

表 A.34　有效载荷与碰撞检测指令

指令	说明
MotionSup	激活/关闭运动监控
LoadId	工具或有效载荷的识别
ManLoadld	外轴有效载荷的识别

注:表中功能的实现需要选项"Collision detection"的配合。

12. 关于位置的指令(表 A.35)

表 A.35　关于位置的指令

指令	说明
Offs	对机器人位置进行偏移
RetOol	对工具的位置和姿态进行偏移
CalcRobT	从 jointtarget 计算出 nontarget

表 A. 35(续)

指令	说明
CPos	读取机器人当前的 X、Y、Z
CRobT	读取机器人当前的 nontarget
CJoinT	读取机器人当前的关节轴角度
ReadMotor	读取轴电动机当前的角度
CTool	读取工具坐标当前的数据
CWObj	读取工件坐标当前的数据
MirpoS	镜像一个位置
CaleJointT	从 rootage 计算出 jointtarget
Distance	计算两个位置的距离
PFRestart	检查当路径因电源关闭而中断的时候
CSpeedOverride	读取当前使用的速度倍率

五、输入/输出信号的处理

机器人可以在程序中对输入/输出信号进行读取与赋值,以实现程序控制的需要。

1. 对输入/输出信号的值进行设定的指令(表 A. 36)

表 A. 36 对输入/输出信号的值进行设定的指令

指令	说明
InvertDO	转化数字信号输出信号值
PulseDO	数字输出信号进行脉冲输出
Reset	将数字输出信号置为 0
Set	将数字输出信号置为 1
SetAO	设定模拟输出信号的值
SetDO	设定数字输出信号的值
SetGO	设定组输出信号的值

2. 读取输入/输出信号值功能指令(表 A. 37)和等待信号指令(表 A. 38)

表 A. 37 读取输入/输出信号值功能指令

指令	说明
AOutput	读取模拟输出信号的当前值
DOutput	读取数字输出信号的当前值
GOutput	读取组输出信号的当前值

表 A.37(续)

指令	说明
TestDI	检查一个数字输入信号已置 1
ValidIO	检查 I/O 信号是否有效

表 A.38 等待信号指令

指令	说明
WaitDI	等待一个数字输入信号的指定状态
WaitDO	等待一个数字输出信号的指定状态
WaitGI	等待一个组输入信号的指定状态
WaitGO	等待一个组输出信号的指定状态
WaitAI	等待一个模拟输入信号的指定状态
WaitAO	等待一个模拟输出信号的指定状态

3. I/O 模块的控制指令(表 A.39)

表 A.39 I/O 模块的控制指令

指令	说明
IODisable	关闭一个 I/O 模块
IOEnable	关闭一个 I/O 模块

六、通信功能

1. 示教器上人机界面的功能指令(表 A.40)

表 A.40 示教器上人机界面的功能指令

指令	说明
TPHRase	清屏
TPWrite	在示教器操作界面上写信息
ErrWRite	在示教器事件日志中写报警信息并存储
TPReadFK	互动的功能键操作
TPReadNum	互动的数字键盘操作
TPShow	通过 RAPID 程序打开指定的窗口

2. 通过串口进行读写的指令(表 A.41)和串口读写功能指令(表 A.42)

表 A.41 通过串口进行读写的指令

指令	说明
Open	打开串口
Write	对串口进行写文本操作
Close	关闭串口
WriteEn	写一个二进制数的操作
WriteAnyBin	写任意二进制数的操作
WriteStrBin	写字符的操作
Rewind	设定文件开始的位置
ClearlOBuff	清空串口的输入缓冲
ReadAnyBin	从串口读取任意的二进制数

表 A.42 串口读写功能指令

指令	说明
ReadNum	读取数字量
ReadStr	读取字符串
ReadBin	从二进制串口读取数据
ReadStrBin	从二进制串口读取字符串

3. Sockets 通信功能指令(表 A.43)

表 A.43 Sockets 通信功能指令

指令	说明
SocketCreate	创建新的 Socket
SocketConnect	连接远程计算机
SocketSend	发送数据到远程计算机
SocketReceive	从远程计算机接收数据
SocketClose	关闭 Socket
SocketGetStatus	获取当前 Socket 状态

七、中断程序

1. 中断设定指令(表 A.44)

表 A.44 中断设定指令

指令	说明
CONNECT	连接一个中断符号到中断程序
IsignalDI	使用一个数字输入信号触发中断

表 A. 44(续)

指令	说明
ISignalDo	使用一个数字输出信号触发中断
ISignalGI	使用一个组输入信号触发中断
ISignalGo	使用一个组输出信号触发中断
ISignalAl	使用一个模拟输入信号触发中断
IsignalAo	使用一个模拟输出信号触发中断
ITimer	计时中断
TriggIng	在一个指定的位置触发中断
IPers	使用一个可变量触发中断
ERror	当一个错误发生时触发中断
IDElete	取消中断

2. 中断的控制指令(表 A. 45)

表 A. 45   中断的控制指令

指令	说明
ISleep	关闭一个中断
IWatch	激活一个中断
IDisable	关闭所有中断
IEnable	激活所有中断

八、系统相关的指令

1. 时间控制指令(表 A. 46)

表 A. 46   时间控制指令

指令	说明
CIKReset	计时器复位
CIKStart	计时器开始计时
CIKstop	计时器停止计时

2. 时间控制功能指令(表 A. 47)

表 A. 47   时间控制功能指令

指令	说明
CIKRead	读取计时器数值
CDate	读取当前日期

表 A.47(续)

指令	说明
CTime	读取当前时间
GetTime	读取当前时间为数字型数据

九、数学运算

1. 简单运算指令(表 A.48)

表 A.48 简单运算指令

指令	说明
CIear	清空数值
Add	加或减操作
Incr	加 1 操作
Decr	减 1 操作

2. 算术功能指令(表 A.49)

表 A.49 算术功能指令

指令	说明
Abs	取绝对值
Round	四舍五入
Trunc	舍位操作
Sqrt	计算二次根
Exp	计算指数值 e^x
Pow	计算指数值
ACos	计算圆弧余弦值
ASin	计算圆弧正弦值
ATan	计算圆弧正切值【-90,90】
ATan2	计算圆弧正切值【-180,180】
Cos	计算余弦值
Sin	计算正弦值
Tan	计算正切值
EulerZYX	从姿态计算欧拉角
OrientZYX	从欧拉角计算姿态